MONIKA WEGLER
GABRIELE LINKE-GRÜN

TYPISCH KATZE

Der Schlüssel zur Seele Ihrer Katze

MONIKA WEGLER GABRIELE LINKE-GRÜN

TYPISCH KATZE

Der Schlüssel zur Seele Ihrer Katze

INHALT

BEGNADETE KÖRPER

Sie bewegt sich elegant und geschmeidig.

Sie kann fast fünfmal höher springen, als sie lang ist.

Sie balanciert sicher über die schmalsten Brüstungen.

Und die Katze unternimmt auch für ihr Leben gern Kletterpartien.

EINFACH PERFEKT Der Katzenkörper ist ein Wunder an Elastizität. Eingezogene Krallen sorgen für eine lautlose Fortbewegung, während sie ausgefahren eine wirksame Waffe sind. Eine Katze hört das leiseste Mäusefiepen, und sie kann Gerüche in einem Duftgedächtnis speichern. Ihre Augen können den kleinsten Lichtstrahl einfangen.

Der gesamte Körper ist mit Tastrezeptoren ausgestattet, die auf Druck und Berührung reagieren. Mithilfe ihrer Tasthaare kann sich eine Katze auch im Dunkeln orientieren. Und nicht zu vergessen ihr hoch entwickelter Gleichgewichtssinn, der das Balancieren auf schmalsten Brüstungen erlaubt und ihr bei Abstürzen hilft, auf allen vieren zu landen.

FREIES LANDLEBEN

Die zweijährige Kätzin lebt in einem kleinen Dorf auf dem Land. Sie fühlt sich frei und ungebunden, auch wenn sie sich regelmäßig Futter bei ihren Menschen abholt. Hin und wieder schlüpft sie in den Keller des Hauses und legt in der Obstkiste neben der Heizung eine ungestörte Schlafrunde ein. Ansonsten geht die Kätzin ihre eigenen Wege. Mehrmals täglich inspiziert sie ihr Revier auf immer gleichen Pfaden, am liebsten einem Rundkurs. Schon am frühen Morgen balanciert sie mit schlafwandlerischer Sicherheit auf dem schmalen Zaun. Von hier aus hat sie einen guten Überblick. Dann folgt ein eleganter Sprung auf den Gartentisch und ein kleines Spielchen mit den duftenden Blüten der Kletterpflanze. Schließlich setzt sie ihren Rundgang im hohen Gras der Wiese über das angrenzende Feld zum nahen Wäldchen fort, immer bereit, sich beim leisesten Geräusch gespannt auf die Lauer zu legen (→ ab Seite 46).
Die vollkommene Körperbeherrschung einer Katze, sei es beim Laufen, Balancieren, Springen, Anschleichen, Lauern oder Klettern, ist beeindruckend. Über 500 Muskeln setzen an den 240 Knochen im Körper der Katze an. Die Wirbelsäule ist besonders biegsam. Das können Sie bei den ausgiebigen Streck- und Dehnübungen nach jeder Siesta Ihrer Katze beobachten oder wenn sie den berüchtigten Katzenbuckel macht, um größer und imposanter zu erscheinen. Schlüsselbeine, die bei uns Menschen eine feste Verbindung zwischen Schul-

Ein Katzentraum. Der verwilderte Garten ist für jede Katze ein wahres Paradies, um aufregende Entdeckungen zu machen.

terblatt und Brustbein herstellen, sind bei der Samtpfote zu kleinen Knöchelchen rückgebildet. So kann die Katze ihren Körper im schnellen Lauf und nach einem Sprung beim Landen abfedern (→ Seite 52). Das Becken der Katze ist schmal, an die Kreuzwirbel schließen die Schwanzwirbel an. Ihr Schwanz dient als »Balancierstange« beim Laufen auf kaum pfotenbreiten Untergründen wie etwa einem schmalen Geländer, als Steuer beim Springen und auch als Stimmungsbarometer (→ Seite 61). Katzen sind Zehengänger. Sie treten nicht wie wir mit der Fußsohle auf, sondern laufen auf den Zehenspitzen. Dicke Sohlenposter sorgen dafür, dass sie sich fast lautlos bewegen können. Die Krallen sind normalerweise eingezogen, können aber blitzschnell ausgefahren werden.

KLETTERPARTIE

Schon seit Stunden sitzt der junge Kater starr vor Angst auf der hohen Tanne und traut sich nicht hinunter. Feuerwehrleute retten das verängstigte Tier aus seiner Notlage. Aber eigentlich sind doch Katzen als wahre Kletterkünstler bekannt. Um einen Baum zu erklimmen, katapultiert sich die Katze mit einem kraftvollen Sprung so weit

Zielgenau. Dank ihres ausgezeichneten räumlichen Sehens und ihrer körperlichen Fähigkeiten landet die Samtpfote genau dort, wo sie hinwill.

wie möglich nach oben an den Stamm. Den nötigen Schwung erreicht sie mithilfe ihrer muskulösen Hinterbeine. Die nach unten gebogenen Krallen werden in die Baumrinde geschlagen und haben eine ähnliche Wirkung wie Steigeisen. Dabei sind die Vorderbeine weit gespreizt. Dann stößt sich die Kletterkünstlerin erneut mit den Hinterbeinen ab. Der Abstieg erfolgt per »Rückwärtsgang«. Doch den müssen junge Katzen erst lernen. Sie versuchen oft mit dem Kopf voran nach unten zu klettern und merken schnell: Das ist zu gefährlich.

DAS GRAS WACHSEN HÖREN

Vorsicht, Feind hört mit! Darauf kann jede Mäusegesellschaft wetten, wenn eine Katze in der Nähe ist. Die kleinen Quasselstrippen geben ständig leise Wispertöne von sich, um so untereinander Kontakt zu halten. Für Mieze ein »gefundenes Fressen«, denn sie hat ein hervorragendes Gehör. Sie nimmt sehr viel leisere und wesentlich höhere Töne wahr als wir Menschen. Katzenohren funktionieren wie Schalltrichter, können unabhängig voneinander gedreht werden und so die Geräuschquelle genau orten. Samtpfoten können aber auch gezielt abschalten. Dringen viele verschiedene Geräusche auf sie ein, verarbeiten sie nur die interessanten für sich, die anderen werden ausgeblendet. Auch wenn es etwas lauter zugeht, kann eine Katze schlafen, vorausgesetzt, die Geräuschkulisse ist ihr vertraut. Löst ein Ton aber einen besonderen Reiz aus, etwa wenn sich der Schlüssel im Schloss dreht (= Frauchen kommt heim = leckeres Futter), dann ist Mieze sofort hellwach.

EINE GUTE NASE

Gerade geboren, und schon robbt das Katzenbaby zielstrebig zu Mutters milchspendender Zitze, die es allein über seinen Geruchs- und Tastsinn fin-

Schmecken, trinken, Fleisch abschaben, kämmen. All das kann die raue, mit Papillen besetzte Katzenzunge.

Auf leisen Sohlen. Die dicken Sohlenpolster aus Binde- und Fettgewebe wirken beim Lauf und Aufsprung wie Stoßdämpfer.

det. Obwohl bei der Jagd das Sehen und Hören die größte Rolle spielen, hat das Riechen einen besonderen Stellenwert im Katzenleben (→ Seite 65). Per Nase wird alles auf Tauglichkeit geprüft, auch das Futter. Die Nasenkontrolle entscheidet bei Begegnungen mit Artgenossen über Sympathie oder Antipathie. Duftbotschaften finden sich in Kothäufchen oder werden beim Krallenwetzen hinterlassen. Das Liebesleben wird durch Lockstoffe stimuliert. Durch Köpfchengeben und Flankenreiben kennzeichnet Mieze unter anderem ihren persönlichen Besitz mit ihrem Eigengeruch.

Das besondere Organ Mit leicht geöffnetem Mäulchen, hochgezogener Oberlippe, gekräuselter Nase und entrücktem Blick scheint Mieze in anderen Regionen zu schweben. Sie flehmt. Und dazu braucht sie das Jacobson'sche Organ, das im Gaumendach liegt und seine Geruchsinformationen über die Zunge erhält. Mit Flehmen reagiert zum Beispiel der Kater auf Sexuallockstoffe einer rolligen Kätzin, aber auch auf andere starke Gerüche (→ Flehmen, Seite 133).

INFOZENTRALE TASTHAARE

Die langen steifen Haare sitzen an der Oberlippe, über den Augen, am Kinn, an den Wangen und an der Rückseite der Vorderbeine. Die Tasthaare (Vibrissen) reagieren auf leichteste Berührungen, können kleinste Luftdruckänderungen und Strömungen wahrnehmen. So orientiert sich die Katze im Dunkeln, misst die Breite enger Durchschlüpfe und stellt fest, ob die Beute in ihrem Maul sich noch bewegt oder tot ist.

MAGISCHE KATZENAUGEN

GEHEIMNISVOLL Der Faszination von Katzenaugen konnten sich schon die alten Ägypter vor mehr als 4000 Jahren nicht entziehen. Sie glaubten, dass die Augen der Katze Zauberkäfte besitzen. Die Pupille der Katze verändert sich mit dem Licht. Bei Helligkeit ist sie schlitzförmig, in der Dämmerung dagegen rund – und die Augen leuchten in der Dunkelheit. Das alles konnte nur auf eine direkte Verbindung zu Mond und Sonne deuten. Das auffällige Augen-Make-up der Ägypter entstand nach dem Muster der Katzenaugen und hatte neben der Verschönerung auch eine spirituelle Bedeutung.

WAS DER SITZ DER AUGEN VERRÄT Genau wie bei uns Menschen sitzen die Augen der Katze frontal im Gesicht. Dadurch kann sie ebenso wie wir sehr gut räumlich sehen. Das ist für die gezielte Jagd besonders wichtig. Nur so kann die Katze zentimetergenau die Position des Beutetiers bestimmen. Stereoskopisches Sehen ist natürlich auch eine Voraussetzung für den Zielsprung auf schmale Brüstungen.

PUPILLEN Bei großer Helligkeit ziehen sie sich zu einem millimeterdünnen Strich zusammen. Bei zunehmender Dunkelheit werden die Pupillen kreisrund. Katzen können in der Dämmerung und in Mondnächten sechsmal besser sehen als wir Menschen (→ Funkeln im Dunkeln). In stockdunkler Nacht jedoch sieht auch die Katze nichts mehr. Die Pupillen sind zudem Stimmungsbarometer. Stark erweiterte Pupillen zeigen Erregung an, normalgroße Ausgeglichenheit, verengte Wut.

FUNKELN IM DUNKELN Trifft eine Lichtquelle nachts auf Katzenaugen, scheinen die Augen von innen heraus zu leuchten. Einerseits wird das durch die Blendautomatik der Pupillen möglich, die sich im Dämmerlicht weit öffnen, um auch noch den kleinsten Lichtstrahl einzufangen. Andererseits ist dafür eine spezielle, lichtreflektierende Schicht (Tapetum lucidum) verantwortlich, die hinter der Netzhaut liegt. Sie spiegelt das Licht, das die Netzhaut passiert hat, nochmals.

BLICKFELD Katzen haben mit etwa 280 Grad einen größeren Blickwinkel als wir (210 Grad). Die Sichtweise der Katze ist mit der Funktion eines Weitwinkelobjektivs vergleichbar. Eine gute Voraussetzung, Feinde rechtzeitig zu erkennen und sie sich vom Pelz zu halten. Ohne ihren Kopf zur Seite zu drehen, ist sie im Bild, was um sie herum passiert.

DREI AUGENLIDER Das Katzenauge wird von einem unbeweglichen unteren Augenlid, einem beweglichen oberen und dem dritten Lid, der Nickhaut, geschützt. Die Nickhaut ist normalerweise unsichtbar und sitzt in den Augenwinkeln. Ihre Aufgabe ist es, die Tränenflüssigkeit übers Auge zu verteilen.

SEHSCHÄRFE Katzen sind Augentiere. Ihr schärfster Sinn ist ohne Zweifel ihr Sehvermögen. Am deutlichsten sieht eine Katze Beutetiere und Gegenstände in einem Bereich von zwei bis sechs Metern. Sie registriert dabei vor allem Bewegungen. Unbewegliche Dinge sieht die Katze unscharf oder übersieht sie sogar. Machen Sie den Test: Stellen Sie sich etwa fünfzig Meter von Ihrer Samtpfote entfernt bewegungslos hin. Ihr Liebling wird Sie nicht wahrnehmen. Laufen Sie nun ein paar Schritte oder bewegen Sie Ihre Hände. Jetzt weiß Mieze, dass Sie da sind. Übrigens hat regloses Verharren auch schon so mancher Maus das Leben gerettet.

BALANCEAKT

Katzen kennen keine Höhenangst, denn ihr Aufenthalt in höheren Gefilden gehört zu ihrer Lebensart. Auf den Kontrollgängen durch ihr Revier nutzen sie gern immer gleiche Pfade, die nicht nur als Wegenetz am Boden entlang verlaufen, sondern auch über Mauern, Zäune und Dächer führen. Von hier oben lässt sich das Revier prima überschauen. Das gibt den Samtpfoten ein gutes, sicheres Gefühl. Doch manchmal endet die Höhenwanderung mit einem Absturz. Ein Sprichwort lautet: »Katzen landen immer auf den Füßen.« Daran ist etwas Wahres, denn Mieze kommt nach solchen Unfällen nicht selten mit dem Schrecken davon. Im Fallen dreht sie den Körper automatisch so, dass sie auf allen vieren landet. Das verdankt sie ihrem hervorragenden Gleichgewichtssinn, der im Innenohr sitzt. Er gibt den Impuls, den Körper zu drehen, und der Schwanz sorgt für die Steuerung. Allerdings braucht die perfekte Luftrolle Zeit. Bei Stürzen aus niedriger Höhe kann sich Mieze verletzen, der Fall aus großer Höhe endet, laut Statistik, bei jeder fünften Katze tödlich. Sichern Sie deshalb Balkone und Fenster generell mit einem Netz oder Gitter ab.

Die perfekte Rolle. Während des Falls dreht sich der Körper, und der Schwanz dient als Steuerruder.

KATZEN-ERLEBNISWELT

Die Natur bietet Katzen alles, um Körper und Sinne fit zu halten. Anders bei Wohnungskatzen. Sie sind darauf angewiesen, was ihre Menschen ihnen an Möglichkeiten einräumen. Sebastian ist Single und Besitzer einer schicken Zweizimmerwohnung mit kleinem Balkon in der Innenstadt. Die wenigen Möbel sind ausgesucht teure Stücke, angefangen von der weißen Ledercouch bis hin zum antiken Schrank. Doch trotz des tollen Wohnambientes fehlte ihm etwas zum Schmusen und Kuscheln. So kam Sebastian auf die Katz', genauer gesagt auf zwei bildschöne Britisch-Kurzhaar-Kätzchen namens Mona und Lisa. Die Ausstattung für die beiden sechs Monate alten Geschwister hat er in einer edlen Katzenboutique erstanden: zwei Designer-Katzensofas, zwei Designer-Futternäpfe, ein Katzenklo mit Klappe und Geruchsfilter (→ Seite 120), hochwertiges Dosenfutter und zwei Spielzeugmäuschen aus Kaninchenfell. Und dann bezogen Mona und Lisa ihr neues Zuhause. Zwei Wochen später stand Sebastian kurz vor einem Nervenzusammenbruch. Möbel und Couch zerkratzt, Pflanzen angeknabbert, wichtige Papiere zerfetzt, Weinkorken auf dem Fußboden verteilt, Lieblings-Porzellanfiguren, die auf der Fensterbank standen, zerbrochen. Was sollten die beiden Katzen auch sonst den lieben langen Tag in dieser Wohnung machen? Sebastian hat sich offenbar nicht mit den Bedürfnissen seiner tierischen Mitbewohner auseinandergesetzt. Eine Bekannte, selbst Katzenhalterin, half den dreien wie folgt:

NACHGEFRAGT

Wie farbig sehen Katzen die Welt?

Prof. Dr. Christa Neumeyer ist Wissenschaftlerin an der Johannes Gutenberg Universität Mainz. Einer ihrer Forschungsschwerpunkte ist die Vergleichende Physiologie des Farbensehens.

Welche Farben können Katzen wahrnehmen?

Das ist noch nicht eindeutig geklärt. Wahrscheinlich haben sie dasselbe Farbensehen wie die meisten anderen Säugetiere: Sie sind Dichromaten und sehen Farben so wie rot/grün-blinde Menschen. Katzen verwenden nur zwei verschiedene Photorezeptor-Typen (Zapfen) für ihr Farbensehen, während Menschen drei Typen besitzen. Deshalb können die Tiere zwar Rot und Grün farbig sehen, aber nicht als Farbe voneinander unterscheiden. Rote und grüne Gegenstände unterscheiden sich für sie nur in der Helligkeit, nicht im Farbton. Es ist möglich, dass ihnen ein dunkles Rot als schwarz erscheint. Farben, die Katzen sehr stark farbig sehen, sind vermutlich Blau und Gelb. Insgesamt ist ihre Welt etwas weniger farbig als unsere.

Was ist Besonderes am Farbensehen von Katzen?

Der Zoologe Mark Tritsch an der Uni Mainz fand heraus, dass Katzen blaue und orange-rote Oberflächen auch dann unterscheiden können, wenn sie mit farbigem Licht beleuchtet werden. Das heißt, sie können die Farben unabhängig von der Farbe der Beleuchtung sehen. Diese höchst erstaunliche Leistung nennt man in der Fachsprache Farbkonstanz.

Kann ich selbst testen, ob meine Katze Farben sieht?

Das ist nicht so einfach. Halten Sie einen roten und einen grünen Futternapf bereit. Bieten Sie Ihrer Katze mehrere Tage Futter nur im roten Napf an. Stellen Sie dann beide gefüllten Futternäpfe nebeneinander. Welche Farbe bevorzugt die Katze? Wählt sie Rot, kann es sein, dass Mieze der rote Futternapf dunkler erscheint als der grüne und sie die Wahl aufgrund der Helligkeit und nicht wegen des Farbunterschiedes trifft.

»Hallo, wo bin ich?« Mona hat sich unter der Kuscheldecke versteckt und hofft darauf, dass sich ihr Mensch auf das Suchspiel einlässt.

Offene Türen Alle Zimmer der kleinen Wohnung – auch das Schlafzimmer – sind ab sofort für die Minitiger begehbar (→ Seite 78).
Kratzbaum Ein verzweigter Kratzbaum aus Naturholz lädt nun in einer hellen Wohnzimmerecke zum Kratzen, Turnen und Dösen ein (→ Seite 18).
Laufsteg Ein »Catwalk« aus ca. 20 cm breiten und 3 cm dicken, zum Teil mit Teppich bezogenen Regalbrettern führt unterhalb der Zimmerdecke entlang. So können die Katzen ihr Wohnungsrevier auch an der Wand entlang ablaufen und es – ganz Katzenart – von oben beobachten, während sich Sebastian auf der Couch entspannt. Der maßgeschneiderte Catwalk hat einige Raffinessen für die Miezen zu bieten. So gibt es zum Beispiel Lücken, die nur mit einem Sprung zu überwinden sind. An einer Stelle verbindet ein Plüschtunnel, der an der Decke befestigt wurde, den Laufsteg. Er schaukelt ein wenig, wenn ein Minitiger hindurchläuft – das gleiche Feeling wie ein schwankender Gartenzaun. Ein Teil des Catwalks muss durch den Balanceakt über ein dickes Tau bewältigt werden. Alles in allem ein toller Fitness-Parcours für den Körper, der auch noch den Pfoten verschiedene Untergründe (Teppichboden, Holz, Plüsch, Seil) bietet.
Aussichtsplatz Fensterbank Auf der Fensterbank stehen keine Porzellanfiguren mehr, sondern hier ist eine Wohlfühloase für die Samtpfoten entstanden. Ein kleines Lammfell sorgt für einen weichen Platz zum Träumen und bequemen »Fernsehschauen«. Ein »Schmusekissen« wird abwechselnd mit etwas Duftendem aus der Natur gefüllt, wie etwa Wiesenheu, trockenem Laub, getrockneten Baldrianblättern, Katzenminze, Lavendel oder Stroh. Und auch ein Schälchen frisches Katzengras steht auf der Fensterbank zum Knabbern als Verdauungshilfe bereit.
Highlight Balkon Sebastians Balkon ist zwar nur winzig, doch für seine beiden Miezen inzwischen ein Paradies. Durch eine Katzenklappe in der Tür können die beiden jederzeit frische Luft, Sonne und aufregende Gerüche tanken. Damit keine seiner Samtpfoten abstürzt oder

Für Katzen, die nur in der Wohnung leben, muss die Einrichtung abwechslungsreich gestaltet sein. Orientieren Sie sich am Vorbild der Natur.

einen Ausflug in die Nachbarschaft unternimmt, hat Sebastian den Balkon mit einem Katzennetz sichern lassen. Diese Maßnahme musste er von seinem Vermieter genehmigen lassen. Am Balkongeländer führt nun ein ca. 20 cm breiter Katzensteg aus naturbelassenen Brettern entlang, damit Mona und Lisa bei ihrem Rundgang über die Brüstung schauen können. Es gibt duftende Kräuterkästen mit Zitronenmelisse, Basilikum, Thymian, Salbei, Rosmarin und Majoran als Anregung für den Geruchssinn. Und in dem gemütlichen Korbsessel können die beiden Katzen herrlich sonnenbaden und relaxen.

DIE NATUR INS HAUS HOLEN

Neue, interessante Gerüche und kleine Veränderungen bereichern das Katzenleben in der Wohnung.

- Dekorieren Sie zum Beispiel mit natürlichen Materialien wie Holz, Steinen, Moos, Kork, Ton oder mit Gegenständen aus Seegras, wie etwa Schalen und Übertöpfe.
- Zimmerbrunnen stehen bei Katzen hoch im Kurs. Besonders faszinierend sind Modelle mit Kugeln, die sich drehen oder bei denen das Wasser in kleinen Kaskaden herabfällt.
- Legen Sie Ihren Stubentigern einen kleinen Dschungel in der Wohnung an. An diesen Kübelpflanzen, die sich natürlich auch für den Balkon eignen, darf gefahrlos geknabbert werden: Bambusgras, Blauer Schwingel, Strandhafer, Segge oder Gold-Flattergras.
- Denken Sie beim Spaziergang an Ihre Samtpfoten daheim. Sie freuen sich über kleine Mitbringsel, beispielsweise Tannenzapfen, Vogelfedern, Rindenstückchen, Eicheln, Kastanien, ein Stück Treibholz, Weizenähren oder einen Strauß Blumen und verschiedene Gräser.
- Spielen Sie Ihren Katzen leise eine CD mit Geräuschen aus der Natur vor. Darauf fahren viele Wohnungstiger ab, auch wenn sie noch nie über eine Wiese gelaufen oder durch einen Wald gegangen sind. Und keine Angst, dabei werden keine Sehnsüchte geweckt, sondern das Leben wird bereichert.

Pech gehabt. Das dauert Mona zu lange. Da muss sie doch etwas mehr von sich zeigen. Vielleicht klappt's jetzt.

DER KRATZBAUM Er sollte für meine Pediküre sein und darüber hinaus auch noch mein ganz privates Fitness-Center werden. Doch dann habe ich das Ding ausprobiert. Ein Sprung, der Baum fiel um, und ich hatte tagelang die schrecklichsten Albträume. So ein Kratzbaum ist toll, aber von wackeligen Angelegenheiten halten wir Katzen gar nichts.

Nur Qualität zählt Wir Katzen lieben keine unsicheren Angelegenheiten. Ein Kratzbaum, der wackelt oder gar umkippt, wenn man ihn anspringt, ist für uns ein absolutes »No go«. Also wichtigster Punkt: Der Baum muss standfest sein. Super, wenn er Verzweigungen hat, dann kann ich ihn auch als Fitnesstrainer nutzen. Der untere Teil des Kratzbaums besteht am besten aus sisalumwickelten Säulen oder echten Baumstämmen. Hier kann ich kratzen und meine Duftspuren hinterlassen. Eine Katze kratzt nämlich nicht nur, um ihre Krallen in Form zu halten, sondern auch, um ihr Hab und Gut zu markieren (→ Seite 67). Kuschelhöhlen und Sitzbretter sind im oberen Teil des Kratzbaums angebracht. Von hier kann ich prima beobachten und entspannt eine Siesta einlegen. Doch zugegeben: Solch ein Kratzbaum ist nicht gerade billig.

PAULINE

Die Kätzin (1) lebt mit Nina in der Stadt. Pauline darf nicht nach draußen, weil es hier zu gefährlich ist. Für ihre Krallenpflege, fürs Kratzen, Turnen und Relaxen hat ihr Nina einen Kratzbaum gekauft, aber ...

Hier ist was los! Ich weiß genau, wo mein neuer Kratzbaum stehen soll. Im Wohnzimmer, zwischen der Couch und dem Fenster. Wenn ich entspannt oben liege, kann ich sogar aus dem Fenster schauen und aus sicherer Entfernung beobachten, wenn Nachbars Lumpi vorbeiläuft. Für Schmuserunden brauche ich nur zu Nina auf die Couch hinunterzuspringen. Ich bin also mitten im Geschehen, und das gefällt mir.

Endlich ein neuer Kratzbaum Nina ist klasse! Da ist er, mein »Wunschbaum«. Die Frage ist nur, ob das Ding wirklich standhält. Nina hat den Kratzbaum noch attraktiver für mich gemacht. Es hängt eine Korkkette daran, und es gibt eine Schnur, an deren Ende ein Federbüschel baumelt. Damit lässt es sich prima spielen. Mit einem Leckerli in der Hand lockt mich Nina zu meinem neuen Möbelstück. Und dann hält sie das Häppchen höher. Jetzt muss ich den ersten Sprung wagen. Hopp, und schon lande ich auf dem Sitzbrett. Nichts hat gewackelt, und ich bekomme die Belohnung für meinen Mut. Und dann streicht Nina mit ihren Händen über die Kratzfläche des Kratzbaums. Klar, dass ich ihrem Geruch meinen eigenen Duft hinzufügen muss. Jetzt wissen es alle: Dieser neue, tolle Kratzbaum gehört einzig und allein mir.

STARKE PERSÖNLICHKEITEN

Keine Katze ist wie die andere, sondern
jede von ihnen eine Individualistin in höchstem Maß.
Samtpfoten unterscheiden sich in ihrem Charakter ebenso
wie in ihrem Temperament, entwickeln Vorlieben und Eigenarten ...

DIE KLEINEN UNTERSCHIEDE Die eine ist Diva, die andere eher ein scheues Reh, manche sind Draufgänger, andere Angsthasen. Es gibt Abenteurer, Gemütliche, Temperamentvolle, Quasselstrippen, Schweiger, Dominante, Unterwürfige, Einfältige und Hochbegabte. In der Katzengesellschaft geht es ebenso zu wie bei uns Menschen.

Erkennen und respektieren Sie die Persönlichkeit Ihrer Samtpfote. Aus einem Sensibelchen lässt sich nun mal kein furchtloser Abenteurer machen. Hier ist Ihr Einfühlungsvermögen gefragt, sonst treten in der Folge Verhaltensstörungen auf, unter denen die Mensch-Katze-Beziehung enorm leidet.

DER KATER, DER EIGENTLICH EIN WACHHUND IST

Es raschelt im Gebüsch. Der muskulöse rote Kater erhebt sich leise und bleibt gespannt stehen. Hier auf der Mauer hinter dem Busch hat er einen guten Überblick. Er sieht alles, was sich in seinem Garten tut. Ein Marder läuft vorsichtig – nach allen Seiten witternd – über die Wiese. Das kann der Kater nicht durchgehen lassen. Fremde Besucher haben in seinem Garten kein Wegerecht. Der Rote springt von der Mauer und stellt sich dem Marder mit imposantem »Katzenbuckel« entgegen. Das kleine hundeartige Raubtier bleibt wie angewurzelt stehen, scheinbar verblüfft über den Feind, der aus dem Nichts aufgetaucht ist. Und dann beginnt sofort der Kampf. Fauchend stürzt sich der Kater auf den Eindringling, um ihn zu verjagen. Der Marder wehrt sich verbissen. Doch der Rote ist wendig. Geschickt weicht er dem Marder aus und greift ihn erneut mutig an. Mit solch einem wehrhaften Gegner hat der Marder nicht gerechnet. Blitzschnell dreht er sich um und flüchtet über die niedrige Gartenmauer. Der Kater verfolgt ihn nicht. Stattdessen leckt er sich ausgiebig das Fell, um sich von der aufgestauten Erregung zu entspannen. Er hat sein Ziel erreicht. Der Garten gehört wieder ihm allein. Wehe dem, der es noch einmal wagen sollte, in sein Reich einzudringen. In der Nachbarschaft ist der Rote schon lange unter dem Spitznamen »Kampfkater« bekannt. Auch bei den Nachbarskatzen hat sich der rote Kater reichlich Respekt verschafft. Keine traut sich in den Garten, wenn er zu Hause ist. Selbst der Neue von Gegenüber hat das innerhalb kürzester Zeit

Angelo ist ein wagemutiger Abenteurer. Selbst hohe Bäume halten den Britisch-Kurzhaar-Kater nicht von einer Kletterpartie ab.

begriffen. Von seinen schmerzhaften Blessuren bei der Begegnung mit dem »Kampfkater« kann er ein Lied singen. Die Halter des Roten hätten sich in der Tat keinen besseren Grundstückswächter wünschen können. Und nicht selten denkt die Familie, dass ihr Kater die Reinkarnation eines Wachhundes sein muss, der in einem Katzenkörper wiedergeboren wurde.

WIE SICH PERSÖNLICHKEITEN ENTWICKELN

Die Persönlichkeitsentwicklung vollzieht sich bei Katzen ebenso wie bei uns Menschen. Zum einen sind es die Gene, die bestimmte Wesenszüge vererben, zum anderen beeinflussen eine glückliche oder unglückliche Kindheit beziehungsweise positive oder negative Erfahrungen die Persönlichkeit.

Rassekatzen werden nach Rassestandards gezüchtet. Jede Rasse hat bestimmte Charaktermerkmale. So gelten Perserkatzen als sehr ruhig in ihrem Wesen, Siamesen dagegen als aktive Plaudertaschen. Das mag in der Mehrzahl auch stimmen, dennoch gibt es auch unter den Persern Exemplare, die »Action« über alles lieben, oder maulfaule Vertreter bei den Siamkatzen.

Der kleine Kater in Lauerstellung. Er ist ein besonders aufgewecktes Katzenkind, das bereits sehr viele verschiedene Erfahrungen machen durfte.

Hier kommt dann trotz sorgfältiger Zuchtauswahl der Eltern das Erbe der Vorgenerationen zum Tragen. Allgemein lässt sich sagen, dass ein Kätzchen, das mindestens zwölf Wochen bei seiner Mutter mit Geschwistern und anderen Artgenossen aufwachsen durfte, in der Regel das gesamte Katzen-Verhaltensrepertoire perfekt beherrscht und sich wahrscheinlich zu einer sozialen, selbstbewussten Persönlichkeit entwickelt. Hat das Katzenkind während der wichtigen Prägungsphase zwischen der zweiten und siebten Lebenswoche auch gute Erfahrungen mit Menschen gemacht, merkt es sich das für sein ganzes Leben (→ Seite 34). Solche Katzen sind Menschen gegenüber aufgeschlossen und vertragen sich meist als Erwachsene mit Artgenossen und anderen Tieren. Allerdings können bestimmte Lebensumstände oder ein traumatisches Erlebnis das Wesen der sensiblen Samtpfoten verändern. Zum Beispiel lautstarke Erziehungsversuche oder gar einen Klaps als Strafe nimmt eine Katze uns Menschen besonders übel. Sie entzieht uns ihr Vertrauen, kann ängstlich oder aggressiv werden. Auch ein dominanter Artgenosse, der seinen Nebenbuhler mobbt, indem er ihm beispielsweise den Weg zum Katzenklo oder zum Futternapf versperrt, kann die Persönlichkeit einer Katze verändern.

SMOKEYS SILVESTER-TRAUMA

Für den selbstbewussten, stolzen Kater war Angst ein Zustand, den er so gut wie nie kennengelernt hatte – bis zum 31. Dezember letzten Jahres. Normalerweise verbrachte Smokey die Silvesternacht fernab von der lauten Feuerwerksknallerei in einem abgedunkelten geschlossenen Raum bei leiser Musik. Doch an diesem Abend hatte keiner an Smokey gedacht. Unbemerkt von seinen Menschen, stand er zwischen den Partygästen auf der Terrasse, als Folgendes passierte: Noch vor Mitternacht zündete einer der Gäste einen Feuerwerkskörper, der nicht weit von Smokey auf dem Boden aufschlug und explodierte. Der Kater erschrak fürchterlich. In Panik, am ganzen Körper zitternd, raste Smokey zurück in die Wohnung und versteckte sich unter einem Schrank. Auch am nächsten Tag war er weder mit beruhigenden Worten noch mit Leckerbissen aus seinem Versteck zu locken. Der Schock saß tief. Seine Besitzer stellten ihm Futter- und Trinknapf sowie die Katzentoilette ins Zimmer. Tatsächlich traute sich Smokey zunächst nur im Schutz der Nacht, später schließlich auch wieder tagsüber unter dem Schrank hervor. Doch von da an lagen seine Nerven blank. Schon das kleinste ungewohnte Geräusch verwandelte ihn in ein zitterndes, schweißfüßiges Etwas. Einer Katzentherapeutin gelang es schließlich, dem Kater etwas von seiner Angst zu nehmen. Vorsichtig gewöhnte sie ihn wieder an Geräusche, lenkte ihn dabei durch ein Spiel oder Leckerlis ab. Unterstützend half Smokey eine Bachblüten-Therapie mit Mimulus, die bei spezifischen Ängsten eingesetzt wird.

Katze ist nicht gleich Katze. Respektieren Sie die **Persönlichkeit Ihrer Samtpfote.** Sie wird es Ihnen mit Liebe und Anhänglichkeit danken.

NACHGEFRAGT

Wie intelligent sind Katzen?

Der Freiburger Verhaltensforscher Dr. Immanuel Birmelin erforscht seit vielen Jahren das Verhalten von Haus-, Zoo- und Zirkustieren. Er untersucht intensiv die Intelligenz von Katze und Hund.

Was gibt es Neues zur Intelligenz von Katzen?

Katzen können denken. Dabei müssen sie eine bestimmte Situation im Kopf durchspielen. Ein lustiger Test ist mir im Gedächtnis geblieben. Vor der geschlossenen Tür saß der Hund. Hinter der Tür die Katze vor ihrem gefüllten Futternapf, dessen Inhalt nicht ganz frisch war. Geschickt sprang die Katze auf die Türklinke, um den Hund einzulasssen. Der stürzte sich gierig auf das Katzenfutter. Dann rannte die Katze zu Frauchen und beschwerte sich laut miauend, bis Frauchen ihren Napf mit frischem Futter füllte. Katzen sind in der Lage, bis vier zu zählen, Kater Harry kam sogar auf neun. Katzen haben ein physikalisches Verständnis. Sie erkennen zum Beispiel, ebenso wie wir, dass ein Stein fest auf dem Boden liegt. Rollt er aber, muss ihn jemand bewegt haben. Die Samtpfoten sind auch in der Lage, die kürzeste Strecke von A nach B zu »berechnen«.

Gibt es unterschiedlich intelligente Katzen?

Ja. Auch Katzen haben unterschiedliche Begabungen. Es gibt Katzen, die eine Aufgabe nicht oder nur schwer begreifen, während andere das Problem mit links lösen.

Kann man die Intelligenz bei Katzen fördern?

Bieten Sie bereits Ihrer jungen Katze viele verschiedene Sinneseindrücke und Erfahrungsmöglichkeiten mit unterschiedlichen Gegenständen, die genau untersucht werden dürfen. Besonders reine Wohnungskatzen brauchen Anregung, um fit im Kopf zu bleiben. Verändern Sie ab und zu den Geruch in der Wohnung, indem Sie etwas von draußen mitbringen, wie etwa Zweige, Moos oder Grasbüschel. Verstecken Sie Leckerlis an mehreren Stellen, die Mieze dann aufspüren darf.

ERKENNT SICH NAOMI IM SPIEGEL?

Auch in der Wissenschaft wird der Spiegel-Test angewandt, um festzustellen, ob ein Tier weiß, wer es ist. Katzen haben den Test leider nicht bestanden. Lediglich Affen wie die Schimpansendame Xindra aus dem Basler Zoo können ein positives Testergebnis vorweisen. Xindra untersuchte mithilfe eines Spiegels alle Körperstellen, die sie ohne einen Spiegel nicht sehen konnte. Menschen entwickeln mit ungefähr zwei Jahren ein Ich-Bewusstsein.

Naomi Der Maine-Coon-Kätzin scheint es so zu ergehen wie so manchem von uns, wenn wir morgens in den Spiegel schauen. Wir sind unzufrieden mit unserem Aussehen und ziehen eine Grimasse. Doch erkennt sich Naomi tatsächlich selbst im Spiegel? Hat sie ein Ich-Bewusstsein?

Paul Der junge Britisch-Kurzhaar-Kater schaut neugierig in den Spiegel und tatzelt nach seinem Spiegelbild. Die meisten Tiere erkennen darin einen Artgenossen, der ihnen aber keine Angst zu machen scheint. Möglicherweise fehlen hier die entsprechenden Geruchsinformationen.

Viele Katzenhalter haben den Spiegeltest mit ihrer Katze ausprobiert. Die Reaktionen waren unterschiedlich. Einige Tiere interessierten sich eine Weile, andere ließ der Spiegel kalt. Für Paul scheint es jedenfalls erstrebenswerter, in der Schublade nach Leckerlis zu forschen.

WAS ALLE KATZEN GEMEINSAM HABEN

Neugierig Die Neugierde »plagt« Katzen in jedem Alter – es gibt fast kein Tier, das neugieriger ist als sie. Überall wird das Näschen hineingesteckt und mit der Pfote nachgehakt. Dieses Verhalten sagt natürlich auch einiges über die Intelligenz der Samtpfoten aus, denn nur wer genau nachforscht, kann einer Sache auf den Grund gehen und so seinen Erfahrungsschatz erweitern. In der Natur findet Mieze ausreichend Anregung und Abwechslung, um ihren Forscherdrang zu befriedigen und Erfahrungen zu sammeln. Anders sieht die Sache jedoch bei Wohnungskatzen aus: Sie brauchen unbedingt interessante »Untersuchungsobjekte« wie zum Beispiel Kartons, Schachteln, Dosen, Papiertüten (ohne Henkel), Körbe, offene Schubladen oder Schränke, die am liebsten mit einem kleinen »Forscherlohn« in Form eines (oder noch besser mehrerer) Leckerlis bestückt sind (→ Seite 111). So macht das Forscherdasein noch mehr Spaß.

SCHON GEWUSST?

- Deborah Wells und Sarah Millsopp von der Universität Belfast fanden heraus, dass es bei Katzen »Links- und Rechtspfötler« gibt. Sie beobachteten 42 Katzen bei verschiedenen Aufgaben: Es galt Leckerlis aus einem engen Gefäß zu fischen und nach einem Spielzeug zu tatzeln, das über den Katzen baumelte beziehungsweise an der Schnur über den Boden gezogen wurde.

- Bei der ersten Aufgabe setzten 20 von 21 Weibchen die rechte Vorderpfote ein, die Männchen bevorzugten ebenso klar die linke Pfote. Bei den übrigen beiden Aufgaben war allerdings keine Präferenz feststellbar. Nach Ansicht der Forscherinnen sind die Resultate auf eine geschlechtsabhängige Spezialisierung des Gehirns zurückzuführen.

Gewohnheitstiere Die Katzengesellschaft lebt nach Plan mit festen Zeiten für Essen, Schlafen, Spielen und Schmusen. Auch im Revier läuft alles nach Termin. Müssen Pfade mit Artgenossen geteilt werden, patroulliert hier die Katze nur zu bestimmten Zeiten, um unliebsamen Begegnungen aus dem Weg zu gehen (→ Seite 41).
Keine Samtpfote mag ständige Veränderungen in ihrem Revier, sei es nun draußen oder in der Wohnung. Wer Möbelrücken zu seinen Lieblingsbeschäftigungen zählt, steht bei Mieze auf der schwarzen Liste. Auch Kratzbaum, Schlafkorb und Toilette sollten tunlichst immer am gleichen Platz bleiben. Katzen fühlen sich nämlich nur in einer gewohnten Umgebung sicher. Das soll jedoch nicht heißen, dass Katzen Neues ablehnen – im Gegenteil. Ein neuer Duft, ein neues Spielzeug oder ein neues Spiel mit dem geliebten Menschen bereichert den Katzenalltag. Besonders Wohnungskatzen kennen ihr kleines Revier bald in- und auswendig. Damit sie nicht vor lauter Langeweile auf dumme Gedanken kommen, sollten Sie Ihren anspruchsvollen kleinen Tigern öfters einmal Abwechslung vom Alltagstrott bieten (→ Seite 17).
Rituale Immer gleiche Rituale vermitteln Mieze ein Gefühl von Sicherheit. Deshalb lieben Katzen Rituale. Halten Sie Ihrer Samptpfote zum Beispiel vor dem Streicheln die Hand zur Duftkontrolle vor das Näschen. Geben Sie Ihrem vierbeinigen Liebling die Möglichkeit, Sie auf gleicher Augenhöhe und – ganz nach Katzenart – von Nase zu Nase zu begrüßen. Das wird leicht machbar, wenn Sie beispielsweise ein offenes Regal im Flur neben der Eingangstür platzieren oder ein paar Bretter mit Kork oder Teppichfliesen bekleben und sie mithilfe von Winkelhaken wie Treppenstufen an die Wand montieren. Auch Spielen auf gleicher Augenhöhe mit dem Menschen lieben Katzen außerordentlich. Begeben Sie sich also für besondere Spielrunden hin und wieder auf den Boden. Das macht Mieze glücklich und hält Sie fit.

Dieses Britisch-Kurzhaar-Kätzchen ist bereits eine kleine Diva. Sie genießt es überaus, im Mittelpunkt zu stehen, und zeigt jetzt schon äußerst gekonnt ihre Model-Qualitäten.

DIE VERSCHIEDENEN CHARAKTERTYPEN

Natürlich ist jede Samtpfote eine unverwechselbare Persönlichkeit. Doch gewisse Grundstrukturen im Wesen der Katzen erlauben es, sie in bestimmte Charaktertypen einzuteilen. Auch bei uns gibt es zum Beispiel Phlegmatiker, Choleriker oder Melancholiker. Finden Sie anhand der nachfolgenden Beschreibungen heraus, welche Wesenszüge für Ihren Minitiger charakteristisch sind. Vielleicht verstehen Sie ihn dann in Zukunft noch besser und können ganz gezielt auf seine Bedürfnisse eingehen (→ Seite 78).

Prinz und Prinzessin Sie erwarten bedingungslose Huldigung und fordern, dass Sie sich ihnen anpassen. Ihre Wünsche sollte man ihnen möglichst von den Augen ablesen. Sind Sie unaufmerksam, protestieren solche Katzen lautstark. Der einzig akzeptable Ruheplatz ist für sie das Bett, und natürlich besetzen sie Ihren Lieblingssessel.

1 Der Abenteurer. Auf seinem Streifzug durch den Garten hat der blau-weiße Kater ein Geräusch im Gras gehört.

Liebenswerte Abenteurer Dieser Katzentyp ist Neuem gegenüber aufgeschlossen. Je mehr Abwechslung im Alltag, umso besser. Neues Spielzeug wird sofort untersucht. Sie mögen ausgelassene Spiele mit ihrem Menschen. Wenn sie nicht nach draußen dürfen, leiden sie. Besuch ist willkommen.
Smartie und Softie Lieb und dabei ganz sanft, so könnte man diesen Typ beschreiben. Von Heldentum halten solche Katzen allerdings nichts. Neuem gegenüber sind sie eher vorsichtig, aber nicht ablehnend. Sie spüren sofort, wenn es ihrem Menschen schlecht geht, und folgen ihm auf Schritt und Tritt. Ausgiebige Schmusestunden lieben sie über alles.
Kleine Mimosen Sie sind empfindsam, schnell »beleidigt« und ein wenig ängstlich – die »Seelchen« unter den Katzen eben und nur für zartfühlende Menschen geeignet. Ihre Auf-

2 Eifrig beginnt er zu buddeln, denn im Moment wäre eine kleine Zwischenmahlzeit mehr als willkommen.

3 Da muss doch etwas zu finden sein. Der Kater gibt nicht auf. Notfalls wird noch tiefer gegraben.

merksamkeit möchten Mimosen mit keiner anderen Katze teilen. Bei lauten Streitereien oder Kindergeschrei nehmen sie Reißaus. Schimpft man mit ihnen, reagieren sie verstört. Sie lieben ihre vertraute Umgebung, aber keinen Besuch.

Das ewige Kind Besonders Wohnungskatzen bleiben uns gegenüber das ewige Kind. Sie sind verspielt, sehr anhänglich und genießen unsere Fürsorge. Die größte Freude haben sie, wenn sie ihre Menschen mit »Nasenküsschen« begrüßen dürfen. Schmusen ist für sie Wellness pur. Sie lecken gern die Hände und Arme ihres Menschen.

Die patenten Sozialen In der Fachliteratur nennt man sie »Peacemaker«. Sie leben nicht gern allein und sorgen in der Katzengruppe für Harmonie. Disharmonie verabscheuen sie. Sie verstehen, dass man jetzt gerade keine Zeit für sie hat.

KATZEN UND IHRE GEFÜHLSWELT

Nach Auffassung vieler Wissenschaftler haben alle Menschen ein angeborenes Grundpaket von Gefühlen. Dazu gehören: Freude, Furcht, Schmerz, Glück, Verachtung, Wut, Ekel, Neugierde, Hoffnung und Enttäuschung. Unsere momentane Gefühlslage ergibt sich aus einer unendlichen Mischung dieser positven und negativen Grundgefühle. Natürlich haben auch Katzen Gefühle. Sonst wären sie gar nicht in der Lage, in der Natur zu überleben. Sie müssen beispielsweise Risiken abschätzen und Furcht empfinden können, um einer gefährlichen Situation aus dem Weg zu gehen, oder Schmerz spüren, um zu lernen, dass ihr Verhalten falsch war. Wie jedoch die differenzierte Gefühlswelt einer Katze aussieht, wissen wir nicht. Körper- und Lautsprache und ihr Verhalten verraten uns allerdings einiges über ihre Stimmungen, wenn man ihre Sprache zu deuten weiß: zum Beispiel, ob es ihr gut geht, sie Angst hat, wütend oder freundlich gestimmt ist, sie sich verunsichert fühlt oder vor Selbstbewusstsein strotzt (→ Seite 62). Ist sie aber auch in der Lage, Enttäuschung, Hoffnungslosigkeit oder Zweifel zu empfinden? Das ist nicht bekannt. Dazu müssten wir die Samtpfoten direkt befragen.

WOVON KATZEN TRÄUMEN

Dass Katzen träumen, ist längst erwiesen. Und wahrscheinlich haben Sie bei Ihrer Samtpfote selbst schon beobachtet, wie sie im Schlaf mit den Pfoten oder Ohren zuckt, ihre

Das weiß jeder, der den Samtpfoten verfallen ist:
Katzen sind unvergleichlich.
Jede ist auf ihre Art unverwechselbar und einzigartig.

Schnurrhaare heftig bewegt, die Krallen ein- und ausfährt, das Gesicht verzieht, faucht oder schmatzt, so, als ob sie gerade eine saftige Maus verspeisen würde. Auch ein leises Miauen ist manchmal zu vernehmen. Dem Schlafforscher Adrian Morrison von der tierärztlichen Fakultät an der Universität von Pennsylvania gelang es, im Film zu zeigen, dass eine Katze im Schlaf von der Mäusejagd träumte. Normalerweise sind die Muskeln im Schlaf – auch bei uns Menschen – blockiert. Doch diese Katze hatte einen Tumor. Er verhinderte die Blockade der Laufmuskeln. Und plötzlich erhob sich die Katze. Ihre Augenlider waren geöffnet und die Nickhäute geschlossen. Sie schlich zunächst am Boden entlang und sprang dann überraschend auf eine vermeintliche Beute.

Die Schlafphasen Grundsätzlich unterscheidet man bei Menschen und Tieren den sogenannten REM- und Non-REM-Schlaf: Der Non-REM-Schlaf gliedert sich in verschiedene Schlafphasen, die unterschiedlich tief sind. Nach einer Leichtschlafphase – sie dauert bis zu einer halben Stunde – fällt die Katze in eine kurze Tiefschlafphase. Jetzt ist sie völlig entspannt und reagiert kaum auf äußere Reize, während sie im Leichtschlaf blitzschnell erwacht und zum Beispiel auf ein ungewohntes Geräusch oder einen verlockenden Geruch reagiert. Der REM-Schlaf (engl. Rapid Eye Movement = schnelle Augenbewegungen) ist die Traumphase, die bei der Katze pro Stunde Schlaf etwa fünf bis sieben Minuten anhält. Geht man davon aus, dass eine Samtpfote etwa 16 Stunden pro Tag schläft, träumt sie doch eine ganze Menge. Fest steht jedenfalls, dass Katzen – ebenso wie wir – ihre Erlebnisse in Träumen verarbeiten. Und je nach Lebenssituation wird sicher auch bei Katzen so mancher Albtraum dabei sein. Eines sollten Sie jedoch nicht tun, wenn Sie bemerken, dass Ihr kleiner Tiger gerade träumt: ihn aufwecken! Denn wer noch im Traum gefangen ist, kann unvorhersehbar heftig – zum Beispiel mit Kratzen und Beißen – reagieren.

HABEN KATZEN EINEN SECHSTEN SINN?

Vor einiger Zeit ging die Geschichte von Kater Oscar durch die Presse. Oscar lebt in einem Altersheim in Providence im US-Bundesstaat Rhode Island, und er scheint den unmittelbar bevorstehenden Tod eines Menschen zu spüren. In einem Zeitraum von zwei Jahren erschien er bei mehr als 25 Demenzkranken am Bett, die nur wenige Stunden später verstarben. Das berichtete Dr. David Dosa von der Brown University in Providence im »New England Journal of Medicine«. »Es ist nicht so, dass die Katze ständig als Erste erscheint. Aber die Katze schafft es fast immer in den letzten zwei Stunden«, sagte die Medizinprofessorin Joan Teno. Sie glaube nicht, dass der in dem Altersheim aufgezogene Oscar hellseherische Fähigkeiten habe. Es gebe für das Phänomen wahrscheinlich eine biochemische Erklärung. Er riecht an Patienten, beobachtet sie und setzt sich neben Menschen, deren Tod innerhalb weniger Stunden bevorsteht. Ansonsten halte der Kater eher Distanz. »Er ist keine Katze, die sich besonders zu Menschen hingezogen fühlt.« Das Pflegepersonal ist inzwischen dazu übergegangen, die Angehörigen zu verständigen, wenn sich der Kater zu einem Patienten gesellt hat. Dies bedeutet dann in der Regel, dass der Kranke noch weniger als vier Stunden lebt. Der englische Naturwissenschaftler Rupert Sheldrake ist Spezialist für rätselhafte Phänomene bei Tieren. Er ist davon überzeugt, dass Katzen und andere Heimtiere über Fähigkeiten verfügen, die wir uns nicht vorstellen können. In seinem Buch »Der siebte Sinn der Tiere« beschreibt er viele unerklärliche Verhaltensweisen, insbesondere von Katzen und Hunden. Einige sollen zum Beispiel in Panik geraten sein, als ein vertrauter Mensch einen Unfall hatte oder starb, obwohl sie sich mehrere Tausend Kilometer entfernt vom Ort

Er ist ein alter »Haudegen«, der bisher schon unzählige Abenteuer bestanden hat. Die Ruhepause tut ihm sichtlich gut.

des Geschehens aufhielten. Andere können Krankheitsherde im Körper des Menschen aufspüren oder einen bevorstehenden epileptischen Anfall vorhersehen. Pussy, die Katze meiner Eltern, kratzte im Spieleifer nur meine Mutter, aber merkwürdigerweise nicht meinen Vater, der blutverdünnende Medikamente nahm. Spürte sie, dass eine blutende Wunde für ihn gefährlich werden könnte? Manche Experten gehen davon aus, dass Tiere die Aura des Menschen wahrnehmen können, die ihn wie ein Kraftfeld umgibt, und entsprechend reagieren, wenn sich die Aura durch Krankheit oder bevorstehenden Tod verändert. Doch das ist nur eine mögliche Erklärung. Was genau hinter den für uns unerklärlichen Phänomenen steckt, haben uns die Samtpfoten bisher leider noch nicht verraten.

WIE KATZEN LERNEN

Crazy, der quirlige Siamkater und liebenswerte Clown in der kleinen Katzengesellschaft, fiel schon als Zwerg durch seine verrückten Ideen und seine besondere Lernfähigkeit auf. In null Komma nichts hatte er zum Beispiel begriffen, wie man die Klopapierrolle aus ihrer Halterung befreit und herrlichen Spaß damit hat, das Papier abzurollen und in der ganzen Wohnung zu verteilen. Er kann auch die Toilettenspülung betätigen und den Kühlschrank öffnen, denn hier wird seine Lieblingsputenbrust aufbewahrt. Crazys Menschen sind sich inzwischen sicher, dass sie ein Katzen-Genie beherbergen. Durchaus möglich, denn Katzen sind bekanntermaßen unterschiedlich intelligent (→ Nachgefragt, Seite 25).

Das Gehirn braucht Infos Schon im Mutterleib beginnt sich das Gehirn des Katzenkindes zu entwickeln und erhält bereits erste Impulse durch Berührungen – beispielsweise, wenn Sie Ihrer trächtigen Katze über den Bauch streicheln. In den ersten Lebenswochen strömen viele Sinneswahrnehmungen auf das Kleine ein, die einen bleibenden Eindruck hinterlassen. Je mehr Informationen jetzt gespeichert werden, desto besser entwickelt sich das Gehirn. Es entsteht ein dichtes System von Nervenverknüpfungen und Schaltkreisen. Kätzchen, die während dieser Zeit viele unterschiedliche Erfahrungen machen und Sinnesreize wahrnehmen konnten, haben längere und verzweigtere Nervenzellen als solche, die in einer reizarmen Umwelt aufwachsen. Eine anregende Umwelt macht Katzenkinder neugieriger, aufgeweckter und geistig wacher: beste Voraussetzungen dafür, viel und – vor allem während der Kinderzeit – leicht zu lernen.

Positives und Negatives Tiere lernen durch positive und negative Erfahrungen. Ein Beispiel: Die Katze begegnet auf Nachbars Rasen Bello, dem Hund des Hauses. Eine gefährliche Situation für sie, denn Bello hat – was Katzen betrifft – einen ausgeprägten Jagdtrieb. Mieze bekommt einen gewaltigen Schreck. Stresshormone werden ausgeschüttet, das Herz rast, Schweiß bricht aus. Diese Körperreaktionen werden automatisch durch das Gefühl der Angst ausgelöst. Alles, was zu dieser bedrohlichen Situation geführt hat, speichert das Gehirn der Katze, etwa den Ort, das Feindbild, die Tageszeit, Farben und Formen.

Mieze flüchtet auf die hohe Gartenmauer, denn hier ist sie vor Bellos Nachstellungen sicher. Doch ein Treffen mit Bello in Nachbars Garten wird die Katze in Zukunft meiden. Die Erinnerung an diese unangenehme Situation ist fest in ihrem Kopf verankert. Das Gleiche gilt selbstverständlich auch für positive Erfahrungen, die dann eben gern wiederholt werden.

Beobachten und Nachahmen Bei Katzen spielt auch das Lernen am Vorbild eine große Rolle. Die größte Lehrmeisterin der Katzenkinder ist ihre Mutter. Alles was sie ihnen vormacht, wird aufmerksam verfolgt und nachgeahmt. Gleich, ob Mama ihnen den Umgang mit der

Gemütlichkeit an einem warmen Plätzchen steht vor allem für Samtpfoten im Rentenalter an erster Stelle. Aber auch Katzen-Senioren haben durchaus noch Freude am Lernen.

Beute vormacht, die Benutzung der Katzenklappe beibringt oder bei Tisch bettelt. Je mehr die Katzenmutter mit ihren Kleinen unternimmt, desto mehr lernen die Youngster. Auch Katzen, die eng mit ihren Menschen verbunden sind, beobachten genau und ahmen deren Verhalten nach. So gelingt es ihnen beispielsweise, Türen und Schränke zu öffnen oder den Wasserhahn zu betätigen.

Ein Leben lang lernen Menschen und Tiere müssen ihr gesamtes Leben lernfähig bleiben, um zu überleben. Nur so ist es möglich, sich schnell Umweltveränderungen anzupassen. Inzwischen weiß man, dass das Gehirn durch Lernen und Üben in jedem Alter trainiert werden kann. Gerade Wohnungskatzen sind oft geistig unterfordert. Fördern Sie deshalb Ihre Schmusekatze, indem Sie sich intensiv mir ihr beschäftigen und Abwechslung in den Katzenalltag bringen (→ Seite 17 und ab Seite 88).

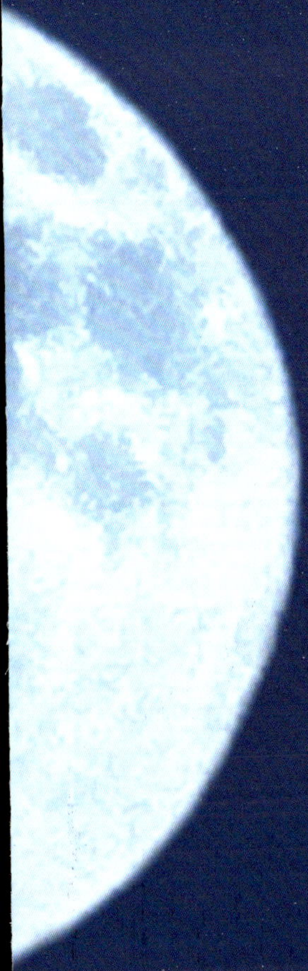

IN BESTER GESELLSCHAFT

Katzen sind zwar Eigenbrötler, aber keine Einzelgänger. Die Katzengesellschaft trifft sich auch manchmal im größeren Kreis, es werden Freundschaften geknüpft und soziale Gemeinschaften gebildet.

EINZELGÄNGER ODER PARTYLÖWEN? Katzen sind rätselhafte Wesen. Einerseits wird das eigene Revier sorgfältig markiert, und wehe dem Artgenossen, der diese Grenzen ignoriert. Andererseits leben Samtpfoten sogar friedlich auf engstem Raum zusammen und treffen sich zu Versammlungen auf neutralem Boden. Nicht selten leben

mehrere Katzen zusammen mit ihren Menschen in einem Haushalt und verstehen sich prächtig. Andere dagegen lehnen einen Artgenossen ab. Damit eine echte Freundschaft entsteht, muss man sich mögen und zueinanderpassen. Das ist bei Katzen nicht anders als bei uns Menschen.

DIE FRIEDHOFS-GESELLSCHAFT

Der Pariser Tierfriedhof ist ein Zufluchtsort für die Lebenden geworden. Mehr als 100 halbwilde Katzen haben hier ein Zuhause gefunden. Auch wenn sie manch einem ein Dorn im Auge sind, lässt man sie in Ruhe. Die Katzengesellschaft verträgt sich so, als ob sie ihr – oft trauriges – Schicksal zusammengeschweißt hätte. Eine besondere Rangordnung gibt es nicht unter ihnen. Wer sich nicht leiden kann, geht sich einfach aus dem Weg oder ignoriert den anderen. Wer sich mag, liegt dicht beieinander und leckt sich manchmal gegenseitig das Fell. Die Katzen sind zufrieden, denn es gibt Mäuse und Ratten auf dem Friedhof, und die meisten Besucher haben auch ein großes Herz für die Samtpfoten. Sie bringen regelmäßig den einen oder anderen Happen zum Fressen mit. Unter den Friedhofskatzen lebt ein großer, schwarz-weißer Kater. Als seine Menschen umzogen, setzten sie ihn einfach vor die Tür, und so landete er auf der Straße. Anfangs fürchtete er sich vor den schnellen Autos, dem Lärm und den Menschen, die ihn verjagten. Er verkroch sich in Hinterhöfen, unter Kellertreppen und versteckte sich in Bretterverschlägen. Doch selbst hier bezog er oft heftige Prügel von Artgenossen, die ältere Revierrechte hatten. Auf der Flucht und vom Hunger getrieben, durchstreifte er die einzelnen Stadtbezirke. Dabei entdeckte er eines Tages den Tierfriedhof und die Katzengesellschaft, die hier lebte. Er schloss sich ihnen an. Endlich hatte er wieder ein Zuhause und nach einiger Zeit sogar ein paar echte Freunde.

Katzengeschwister oder Katzen, die miteinander aufgewachsen sind, kommen auch als Erwachsene später gut miteinander aus.

Überleben in der Gruppe Ein Zusammenleben von halbwilden Katzen gibt es nicht nur in Paris. Sie gehören vielmehr zum Straßenbild etlicher großer Städte. Die Katzen am Kolosseum in Rom beispielsweise sind inzwischen zu einer regelrechten Touristenattraktion geworden. Auch auf Inseln schließen sich Katzen zusammen. Dennoch ist das kein Beweis dafür, dass sie am liebsten in Gesellschaft mit Artgenossen leben und alles andere als Einzelgänger sind. Das Leben in der Gruppe scheint eher eine Überlebensstrategie für Katzen zu sein, die mit einem sehr schwierigen Umfeld zurechtkommen müssen. Das zeigt aber auch, wie anpassungsfähig die Tiere sind. Ihr friedliches Zusammenleben hängt meist von einer ergiebigen Futterquelle ab, die von Katzenliebhabern beliefert wird. Aber das Leben in der Gemeinschaft bietet dem Einzelnen durchaus auch noch weitere Vorteile. Es gewährt mehr Schutz vor Feinden, erleichtert die Suche nach einem geeigneten Fortpflanzungspartner, und man ist unter Umständen sogar bereit, sich gegenseitig – zum Beispiel bei der Aufzucht der Jungen – zu unterstützen.

Nicht alle Katzen lieben die Gesellschaft von Artgenossen. Wer schon viele Jahre allein mit seinen Menschen gelebt hat, der möchte keinen Nebenbuhler im häuslichen Revier.

NÄCHTLICHE VERSAMMLUNGEN

Der junge Kater ist wie zerschlagen. Am frühen Morgen kommt er durch die Katzenklappe ins Haus, läuft schwerfällig die Treppe hinauf, geht zu seinem Schlafplatz, rollt sich ein und ist sofort eingeschlafen. Bisher war er nie nachts draußen, doch seit einigen Tagen verbringt er fast die ganze Nacht außer Haus. Manchmal ist nachts ein Knurren und Fauchen von mehreren Katzen aus dem alten Schuppen im Garten zu hören. Seltsam, denn jetzt ist weder Paarungszeit noch Katzenhochzeit, die mit an- und abschwellenden »Drohgesängen« einhergeht. Auffällig ist jedoch, dass in der Dämmerung immer wieder große und starke Kater aus der Nachbarschaft im Garten auftauchen. Man sieht ihnen an, dass sie in ihrem Leben schon so manche Rauferei hinter sich gebracht haben. Der junge Kater scheint sich den älteren und erfahrenen männlichen Artgenossen zu stellen.

Er will dem Konflikt nicht aus dem Weg gehen, sondern sucht das Kräftemessen regelrecht. Jeden Abend lässt er sich aus seinem gemütlichen Zuhause herauslocken und steht die Kämpfe tapfer durch.

Bruderschaft der Kater Nach dem entscheidenden Kampf gehen sich die Kater aus dem Weg. Streifgebiete, die sich überlappen, nutzen sie zu verschiedenen Tageszeiten. Nur an bestimmten neutralen Orten treffen sie zusammen und sitzen dort friedlich beieinander. Jeder Kater kennt nun den anderen und kann ihn einschätzen. Diese Gemeinschaft, in der es kaum noch zu Kämpfen kommt, nennt der Verhaltensforscher Paul Leyhausen »Bruderschaft der Kater«. Streitigkeiten werden innerhalb dieser Ordnung fast immer durch Drohen entschieden. Wandert jedoch ein Kater zu oder wird ein junger Kater erwachsen, muss er sich erst einen Platz in der »Bruderschaft« erkämpfen. Die alten Kater suchen nachts sogar das Haus auf, in dem der junge Rivale lebt, und fordern ihn zum Kampf heraus. Sie locken ihn fast mit den gleichen Rufen, mit denen sie um eine Kätzin werben. Nimmt der »Jüngling« die Herausforderung an, kommt er um Prügel nicht herum. Doch mit jedem Kampf wird er stärker und lernt daraus. Nach mehreren Wochen hat er sich einen Platz in der »Bruderschaft der Kater« erobert und kann seine Anrechte während der Paarungszeit geltend machen. Die Kämpfe werden übrigens unabhängig von der Jahreszeit ausgetragen. Die Schweizer Verhaltensforscherin Rosemarie Schär entdeckte, dass zeitweise auch Kätzinnen in der Bruderschaft zugelassen sind. Was es damit allerdings auf sich hat, ist bislang noch nicht geklärt.

Geheimnisvolle Treffen Auch die geheimnisvollen nächtlichen Zusammenkünfte von jungen und alten Katzen, Streunern und Familienkatzen, Katern und Kätzinnen geben uns immer noch Rätsel auf. Sie treffen sich auf Dächern oder in Hinterhöfen, sitzen dabei still und friedlich beieinander, bis sich die Versammlung schließlich auflöst und jeder wieder seiner eigenen Wege geht.

DIE KUNST, SICH GEGENSEITIG ZU IGNORIEREN

Freigänger-Katzen trifft man beim Patroullieren im Revier und auf Jagdzügen in der Regel allein an, obwohl sich Katzen durchaus auch miteinander befreunden und in bester Absicht treffen. Doch deshalb gibt keine Samtpfote ihre eigenbrötlerische Lebensweise auf, und außerdem ist ihr auch nicht jeder Artgenosse sympathisch. Stattdessen beherrschen unsere Samtpfoten die Kunst, sich aus dem Weg zu gehen, perfekt. Gerade dort, wo viele Katzen sich kleine Reviere teilen müssen, beweist sich das außerordentliche strategische und diplomatische Talent der Katzen. Müssen zum Beispiel Wege

SCHON GEWUSST?

- Echte Katzenfreundschaften erkennen Sie daran, dass die Tiere sich durch Köpfchengeben oder mit Gurren beziehungsweise Zwitschern begrüßen, wenn sie sich wieder treffen oder eine nach Hause zurückkommt.
- Sie suchen den Körperkontakt und reiben sich gegeneinander, um ihren Duft auszutauschen.
- Sie jagen sich nicht ernsthaft gegenseitig durch die Wohnung, sondern spielen gemeinsam.
- Das Zuhause wird gemeinsam gegen einen »Feind« verteidigt, wie zum Beispiel die neue Nachbarskatze, die den Garten erobern möchte.

Bei der Begrüßung beschnuppern sich Katzen Nase an Nase. Die Geruchsprobe und Berührungen mit den Schnurrhaaren liefern Mieze ein Bild ihres Gegenübers.

zwangsläufig gemeinsam genutzt werden, einigt man sich auf ein Timesharing, um sich nicht in die Haare zu geraten. Die eine darf dann morgens früh unbehelligt den Weg benutzen, die andere bei Anbruch der Dämmerung. Begegnet man sich zufällig, gibt es verschiedene Möglichkeiten, »Handgreiflichkeiten« zu vermeiden. Entweder man dreht sich einfach um und geht weg, oder man starrt sich so lange an, bis eine das Feld räumt. »Ohrfeigen« setzt es nur, wenn jemand partout nicht begreifen will, dass jemand ranghöher ist oder ältere Rechte hat. Der unterstreicht dann seinen Besitzanspruch nochmals an markanten Punkten wie etwa an Türpfosten, Mauern und Zäunen, indem er Duftmarken und Kratzspuren hinterlässt (→ Seite 67).

DOPPELTES KATZENGLÜCK

Kater Valentin lebt schon viele Jahre bei Jutta und ihrem Freund. Die drei sind ein eingespieltes Team. Tagsüber ist Valentin allein, denn seine beiden Menschen müssen Geld verdienen. Dann macht er es sich in seinem Katzenparadies bequem (→ Seite 16). Bei schönem Wetter nutzt er den Balkon als Frischluftoase und Aussichtsplatz, bei schlechtem liegt er in der Wohnung am Fenster, döst oder schaut, was sich da draußen so alles tut. Valentin war glücklich bis zu dem Tag, als Jutta eine zweite Katze mit nach Hause brachte. Ein junges Ding, das Valentin das Leben zur Hölle machte (→ Seite 44).

Nicht alle lieben Gesellschaft Katzen sind keine strikten Einzelgänger. Doch ebenso wenig lieben sie eine Zwangsvergesellschaftung. Damit unter zwei oder mehr Katzen echte Freundschaften entstehen, ist eine sorgfältige Planung wichtig. Ansonsten kann es zu Stresssituationen kommen, unter denen die einzelne Katze in der Zwangsgemeinschaft leidet und sogar krank wird. Oder – im besseren Fall – arrangiert man sich immerhin und lebt zumindest friedlich nebeneinander her. Das ist aber nicht Sinn der Sache. Mehrere Samtpfoten in einem Haus sollten sich mögen und zueinanderpassen (→ Schon gewusst?, Seite 41).

Katzen haben ihren eigenen Kopf. Sie akzeptieren nur Artgenossen, die ihnen passen. Dann sind echte Freundschaften nicht ausgeschlossen.

Eine glückliche Gemeinschaft Besonders reine Wohnungskatzen leiden als Einzeltiere oft unter Einsamkeit und Langeweile. Sie entwickeln Verhaltensstörungen wie Unsauberkeit oder Aggressionen – Hilfeschreie eines »Einzelhäftlings«. Wenn Sie Mieze keine Freigänge genehmigen können, vielleicht, weil Sie an einer viel befahrenen Straße wohnen, sollten Sie sich von Anfang an für zwei Katzen entscheiden. Wichtig dabei ist, dass die Richtigen zusammen kommen. Hier drei Beispiele für vielversprechende Konstellationen.

- Peterle und Maunzi haben sich im Tierheim kennengelernt. Sie kuscheln sich beim Schlafen eng zusammen, suchen gemeinsam ihre Lieblingsplätze auf und putzen sich gegenseitig das Fell. Ihre Menschen haben erkannt, dass sich die beiden gut verstehen, und sie gemeinsam aufgenommen.
- Kasimir und Putzi sind Geschwister. Sie kamen beide mit zwölf Wochen in ihr neues Zuhause. Die Nähe des anderen half den beiden, sich schnell einzugewöhnen.
- Cara und Isabell stammen aus einer Großfamilie. Sie haben zwar nicht die gleichen Eltern, sind aber zusammen aufgewachsen und verstehen sich prächtig.

Wenn eine Katze dazukommt Vor zwei Monaten hat Kater Murr seinen besten Freund und Artgenossen verloren. Seitdem hat er kaum noch Appetit, verhält sich extrem ruhig und unbeteiligt. Er scheint seinen Kumpel sehr zu vermissen. Seine Familie möchte ihm einen neuen Partner vermitteln. Am besten helfen kann Murr ein Kater in etwa gleichem Alter, mit ähnlichem Charakter. Murr gehört von Natur aus eher zu den ruhigen Vertretern (→ Seite 29).

- Kommt eine zweite Katze ins Haus, vertragen sich gleichgeschlechtliche Tiere am ehesten.
- Gemischte Katzengruppen lassen sich meist problemlos mit einer Kätzin erweitern.
- Einer Katzengesellschaft mit erwachsenen Tieren darf man keine Welpen dazugesellen. Sie würden wie fremde erwachsene Eindringlinge behandelt, denn Katzen kennen keinen Welpenschutz wie etwa Hunde.

Durch spielerische Raufereien mit den Geschwistern werden körperliche Fähigkeiten trainiert und Grenzen ausgetestet.

EIN SCHWARZER TAG Es war genau vor zwei Wochen. Wie jeden Tag hatte ich schon Position im Regal neben der Wohnungstür bezogen, um Jutta und Sebastian Nase an Nase zu begrüßen. Endlich drehte sich der Schlüssel im Schloss, und dann hielt mir Jutta freudig ihr »Mitbringsel« vors Gesicht: ein kläglich miauendes schreckliches Etwas.

Gut gemeint Jutta und Sebastian wollten mir mit einer zweiten Katze im Haus eine Freude machen. Ich sollte nicht mehr so allein sein, und ich glaube, nebenbei hofften sie, das Katzenkind würde mich so auf Trab bringen, dass ich meine Traumfigur zurückbekäme. Nach fast sechs Jahren des unkomplizierten Zusammenlebens mit Jutta und Sebastian wäre ich nun doch sehr froh, wenn wir uns in der gleichen Sprache unterhalten könnten. Ich hätte ihnen gesagt: »Mir geht's hier gut. Ich fühle mich sehr wohl. Ich vermisse nichts. Ich will keine zweite Katze neben mir – Punkt aus.«

Der kleine Tyrann Na gut, erst einmal kam ich nicht darum herum, mich mit diesem Familienzuwachs abzufinden. Jutta konnte gar nicht begreifen, warum ich zunächst entsetzt das Weite suchte und auf dem Balkon verschwand. Das Katzenkind war in ihren Augen so süß, und ich verhielt mich jetzt so unsozial. Sie dachte wohl, ich müsste sofort große Gefühle für das kleine »hilflose« Wesen entwickeln. Doch ich ahnte bereits, was auf mich zukommen würde. Anfangs versuchte ich, mit Cinderella klarzukommen. Ich leckte ihr sogar das Fell als Zeichen meines Entgegenkommens, wie das Foto beweist.

VALENTIN

Der Kater (6) führte bei Jutta und Sebastian ein ruhiges, zufriedenes Leben. Und dann kam Jutta auf die Idee, Valentin Gesellschaft ins Haus zu holen. Eines Tages brachte sie die kleine Cinderella mit heim.

Doch das kleine Biest ließ mich einfach nicht in Ruhe. Wollte ich dösen, wollte sie spielen. Wollte ich fressen, wollte sie das Gleiche. Ständig klebte sie mir an den Fersen. Langsam, aber sicher machte mich Cinderellas Anwesenheit krank. Was ich damals noch gar nicht wusste: Cinderella wurde von ihren Menschen per Hand aufgezogen, weil ihre Mutter gestorben war und es keine weiteren Geschwister gab. Solche Miezen kennen nicht einmal die einfachsten Regeln des Katzen-Einmaleins.

Der Auszug Weder Cinderella noch ich waren glücklich zusammen. Das haben auch Jutta und Sebastian erkannt. Alt und Jung passen bei Katzen nicht unbedingt zueinander, besonders dann, wenn man schon immer als Einzelkatze gelebt hat. Und so zog Cinderella bei einer anderen Familie ein.

KATZEN AUF DER PIRSCH

Samtpfoten gehen mit Leidenschaft auf die Jagd. Und wenn nun partout kein Mäuschen zu erbeuten ist, tut es zur Not auch ein Schmetterling, eine Fliege, eine Feder oder der Knöchel von Oberkatze Mensch.

TAKTIKEN EINER SCHLEICHJÄGERIN Der Jagdtrieb der Katze ist angeboren. Er wird durch kleine und sich schnell bewegende Objekte ausgelöst. Aber auch akustische Signale wie beispielsweise die hochfrequenten Töne, die Mäuse von sich geben, animieren das kleine Raubtier, in Deckung zu gehen und einer Beute aufzulauern.

Katzen ernähren sich jedoch nicht nur von Mäusen, auch Vögel, Eidechsen oder Fische passen ins Beuteschema. Das erfordert natürlich verschiedene Jagdtechniken, die von klein auf geübt und immer weiter verfeinert werden.

EIN ERFOLGREICHER JAGDZUG

War das ein Mäusetrippeln? Der Kater hält mitten in der Bewegung inne. Seine Ohrmuscheln drehen sich hin und her, um zu orten, woher das Geräusch kommt. Gebannt starrt er auf die Stelle im Gras. Vorsichtig schiebt sich das Köpfchen einer Maus über den Rand ihrer Behausung. Der Kater geht geduckt hinter einem hohen Grasbüschel in Deckung. Er verfolgt jede Bewegung der Maus mit den Augen. Dann schleicht er sich, den Bauch fast auf den Boden gepresst, näher an sein Opfer heran. Er wartet ab. Die Pupillen des kleinen Raubtiers sind vor Erregung geweitet, sein Körper ist aufs Äußerste gespannt. Die Schwanzspitze zuckt nervös, es tretelt mit den Hinterpfoten auf der Stelle. Die Maus fühlt sich sicher und verlässt ihr schützendes Loch. Der Kater setzt zum Sprung an. Mit den kräfigen Hinterbeinen stemmt er sich vom Boden ab. Sein Oberkörper hebt sich, die Vorderpfoten sind weit nach vorne gestreckt. Die kleine Raubkatze wirft sich auf die Maus und hält sie fest in den Fängen. Ein Biss mit den dolchartigen Eckzähnen in den Nacken der Maus, und es ist um sie geschehen. Und dann lässt der Kater die Maus einfach fallen und beginnt sich zu putzen. Hat er keinen Hunger? Doch, aber erst muss sich der Jäger von der aufregenden Jagd erholen. Die Körperpflege hilft, aufgestaute Spannung abzubauen. Übrigens hatte der Kater heute Glück. Wenn es ihnen ans Fell geht, können Mäuse manchmal zu todesmutigen Kämpfern werden. Maus beißt dann Katze und nutzt die Überraschung ihres Angreifers, um sich vom Acker zu machen. Nur jeder dritte Jagdzug einer Samtpfote ist von Erfolg gekrönt.

Das hohe Heidekraut bietet eine hervorragende Deckung. So kann die Katze beobachten, ohne gesehen zu werden.

KLEINE UND GROSSE JÄGER

Der Jagdtrieb ist unseren Minitigern angeboren. Schon im zarten Alter von drei Wochen beginnen die Kleinen, Bruder oder Schwester mit der Pfote anzustubsen, um sie zu kleinen Balgereien zu animieren. So trainieren die Youngster spielerisch Fähigkeiten und Geschicklichkeit. Mit der Zeit werden die Spiele immer koordinierter. Man liefert sich kleine Scheingefechte, wilde Verfolgungsjagden und testet aus, wer der Stärkere ist. Mit sieben Wochen haben die kleinen Jäger schon eine bewundernswerte Perfektion erreicht. Rennen, springen, klettern, balancieren, anschleichen, lauern – alles tausendmal geübt. Jetzt kann Lehrerin Mutter ihre Kinder auf das Überleben vorbereiten. Auf dem Lehrplan steht: »Erfolgreich Beute machen.« Trockenübungen haben sie bereits an Mutters zuckender Schwanzspitze absolviert. Doch nun bringt sie echte Beute herbei, schleudert sie mit einem Tatzenhieb in die Luft, stürzt sich gezielt darauf und hält sie sicher zwischen den Pfoten. Die kleinen Schüler machen es ihr begeistert nach. Schon bald gelingt ihnen das Fangen und Töten einer Beute.

DAS AUFREGENDE SPIEL MIT DER MAUS

Ausflug in die Scheune Heute hat Herbie, der drei Monate alte Kater, einen aufregenden Tag vor sich. Er und seine Mutter Amelie dürfen zusammen mit der Fotografin einen Ausflug in die nahe gelegende Scheune machen. Und hier heißt es für Herbie: »Learning by doing.«

Amelie fängt eine Maus, tötet sie und legt sie vor sich ab. Herbie soll nun den Beutefang an einer echten Maus üben. Aber zunächst verteidigt die Mutter ihre Beute dem Sohn gegenüber fauchend. Das ist zwar ein eher untypisches Verhalten für Katzenmütter, doch vielleicht ist Amelie noch nicht in »Geberlaune«.

Der freche Herbie Der kleine Kater lässt sich aber nicht von Mama einschüchtern. Dazu ist die Maus viel zu interessant, und sie riecht nach Wildtier – ein Geruch, den Herbie so noch nie kennengelernt hat. Herbie hat jetzt nur die Maus im Sinn und versucht, sie Mama Amelie zu stibitzen. Doch das geht Amelie entschieden zu weit. Sich etwas ungefragt zu nehmen – und wenn's der eigene Sohn ist –, kann sie so nicht durchgehen lassen. Dafür gibt es einen kräftigen Pfotenhieb »hinter die Ohren« des Youngsters.

Mutterpflichten Herbie darf schließlich doch die tote Maus bearbeiten. Der Kater gebärdet sich wie wild. Er beißt herzhaft in den Mäusekörper, wirft ihn immer wieder in die Luft, stürzt sich darauf, wenn er auf dem Boden aufschlägt, um ihn mit ausgefahrenen Krallen festzuhalten. Mutter Amelie beobachtet das mittlerweile einstündige Szenarium geduldig. Ihr Blick scheint zu sagen: »Junge, inzwischen musst du doch kapiert haben, dass das kein Spielzeug ist.«

GEBALLTE POWER

Die Sprungstudie der Katze zeigt eindrucksvoll: Ihr Körper ist ein Kraftpaket und bestens für die Jagd ausgestattet. Scheinbar mühelos springt sie aus dem Stand auf ein Ziel, das sie durch ihr hervorragendes räumliches Sehen zentimetergenau anpeilen kann. Doch auch beim zielgenauen Sprung ist noch kein Meister vom Himmer gefallen. Junge Katzen müssen tüchtig üben, um später ihren Jagderfolg auf den Punkt zu bringen, wie die Foto-Story auf Seite 50/51 zeigt.

Katzen haben nicht wie wir und die meisten anderen Säugetiere zwei Schlüsselbeine, die mit den Schulterblättern verbunden sind. Ihre Schlüsselbeine haben sich zu funktionslosen Knöchelchen zurückgebildet. Es gibt also keine knöcherne Verbindung der Vorderbeine zum Skelett. Sie werden lediglich durch starke Sehnen und Muskeln gehalten. So kann die Katze einen Sprung prima abfedern. Die enorme Sprungkraft erhält die Katze durch ihre kräftige Muskulatur an den Hinterbeinen und im hinteren Rückenbereich. Dabei duckt sich die Katze ab, zieht die Hinterbeine eng an den Körper und schnellt nach vorne. Hauskatzen können bei einem Weitsprung das Sechsfache ihrer Körperlänge überwinden.

Die Samtpfoten sind begnadete Sprungkünstler. Bauchlandungen sieht man selten. Bei ihren Sprüngen dosiert die Katze den Schub meist sehr exakt und landet punktgenau.

① Viele der Muskeln der Hinterbeine sind direkt mit dem Becken verbunden. Die starken Streckermuskeln in den Oberschenkeln sorgen für eine hohe Startgeschwindigkeit.

② Der sehr bewegliche Schwanz – er hat rund 20 Wirbel – dient beim Sprung und beim Fall als Steuerruder und zum Ausbalancieren (→ Foto, Seite 14). Durch diese »Navigationshilfe« ist die Katze in der Lage, während des Sprungs die Richtung zu korrigieren, indem sie den Körper dreht.

Wie sehr die Lebensqualität einer Katze eingeschränkt ist, deren Schwanz zum Beispiel nach einem Unfall amputiert werden musste oder die wie die Manxkatze keinen Schwanz hat, liegt auf der Hand.

③ Die Katze hat das Ziel genau anvisiert. Der Katzenkörper ist weit nach vorne gestreckt, der Schwanz gleichsam Steuerruder. Die Landung steht bevor.

④ Bei der Landung helfen Schwanz und Vorderpfoten, die Geschwindigkeit abzubremsen. Die Pfoten sind gleichzeitig Stoßdämpfer. Beim Beutefang fliegt die Katze mit einem flachen Sprung auf ihr Opfer zu. Die Krallen werden bereits während des Sprungs ausgefahren. Das Aufsetzen auf dem Boden und das Packen der Beute sind miteinander gekoppelt.

Die Jagd war erfolgreich. Doch noch tötet die Katze ihre Beute nicht, sondern spielt nur mit ihr. So baut die Jägerin ihre Anspannung ab, die sich während der Jagd aufgestaut hat.

DIE VERSCHIEDENEN JAGDTECHNIKEN

Was gehört eigentlich ins Beuteschema einer Katze? Wahrscheinlich fällt Ihnen als Erstes dazu die Maus ein. Doch auch Ratten, kleinere Vögel, größere Insekten, Frösche, Eidechsen, Schlangen und Fische stehen auf dem Speiseplan einer Katze. Klar, das dies verschiedene Jagdtechniken erfordert.

- Das Maus-Anschleichen: Sehen, ohne gesehen zu werden, lauern, geräuschlos auf die Beute zuschleichen und sich mit einem gezielten Sprung auf sie stürzen. Eine Form der Jagd.
- Das Vogel-Abschlagen: Hier sind Kletterkünste und akrobatische Sprünge gefragt, um die Beute mit einem Tatzenhieb auf den Boden zu befördern.
- Das Fische-Angeln: Schwimmt der Fisch an die Wasseroberfläche, wird er mit einem gezielten Pfotenhieb »über die Schulter« geworfen. Die Katze dreht sich nun blitzschnell um und packt den Fisch.

DIE VÖGEL IN NACHBARS GARTEN

Hauskatze Feli lebt mit ihrer Menschenfamilie in einer Reihenhaussiedlung. Feli ist Freigängerin, und da bleibt es natürlich nicht aus, dass sie regelmäßig die Nachbarsgärten besucht. Der Nachbar rechter Hand ist ein großer Vogelliebhaber und stolz darauf, dass sich Jahr für Jahr ein Amselpärchen bei ihm einfindet, um seine Brut im Nistkasten aufzuziehen. Letztes Jahr ist es Feli tatsächlich gelungen, auf den Baum zu klettern und zwei Jungvögel im Nistkasten zu töten. Seither herrscht kalter Krieg zwischen Katzen- und Vogelfreunden. Der Nachbar fordert so lange Ausgehverbot für Feli, bis die jungen Amseln flügge sind. Felis Menschen wollen davon jedoch nichts wissen.

Unbestritten werden vor allem junge und kranke Vögel zur leichten Beute für die Minitiger, jedoch kaum ein gesunder erwachsener Vogel. Es ist bisher wissenschaftlich nicht nachgewiesen, dass Hauskatzen an der Ausrottung einer Vogelart schuld sind. Doch wie können sich Katzen- und Vogelfreunde näher kommen?

- Suchen Sie das Gespräch mit dem Vogelfreund, um eine für beide Seiten befriedigende Lösung zu finden.
- Erklären Sie ihm, warum man eine Katze, die Freigang gewöhnt ist, nicht einfach für einen gewissen Zeitraum im Haus einsperren kann. Die Katze hätte kein Verständnis dafür und bekäme möglicherweise Verhaltensstörungen.
- Oft wird geraten, der Katze ein Halsband mit Glöckchen umzulegen, sodass die Vögel gewarnt werden, wenn sich der kleine Räuber nähert. Doch Jungvögeln, die noch nicht fliegen können, nützt das »Glockenläuten« rein gar nichts. Für das feine Gehör der Katze ist der ständige Glockenton eine Tortur.
- Ein naturnah gestalteter Garten mit Stauden, Sträuchern und Bäumen bietet den Vögeln viele Versteckmöglichkeiten.
- Es gibt sogenannte Abwehrmanschetten aus Blech oder Kunststoff (ca. 50 cm breit), um Katzen von Vogelnestern in Bäumen abzuhalten. Auch Brombeerranken, um den Stamm gewickelt, bieten einen guten Schutz.
- Nistkästen können so aufgehängt werden, dass Katzen keinen Zugang haben, nämlich mindestens zwei Meter über dem Boden und frei hängend an Seitenästen. Besonders katzensicher sind Nistkästen mit steilem, glattem Dach, da sie der Katze keinen Halt bieten.
- Damit sich die Katze nicht unbemerkt anschleichen kann, sollten Futterhäuschen und Vogeltränken mindestens zwei Meter vom nächsten Strauch entfernt aufgestellt werden.
- Katzen haben einen guten Geruchssinn. Die sogenannte »Verpiss-dich-Pflanze« (Plectranthus-Caninus-Hybride) gibt es im Gartenfachhandel und ist der feinen Katzennase ein Gräuel. Wir Menschen nehmen diesen Pflanzenduft allerdings nicht wahr. Pflanzen Sie das Gewächs in der Nähe von Niststandorten ein. Es soll Katzen im Umkreis von zwei bis fünf Metern fernhalten.

SCHON GEWUSST?

- Katzen, die hinter dem Fenster zum Beispiel einen unerreichbaren Vogel als mögliche Beute beobachten, fangen zu »schnattern« an. Dabei werden die Kiefer in schneller Folge aufeinandergeschlagen. Die Mundwinkel sind dabei zurückgezogen.
- Verhaltensforscher sprechen in diesem Zusammenhang von Leerlaufhandlung. In Gedanken vollführt die Katze den Todesbiss und hält die Beute zwischen den Zähnen.
- Woher dieses Verhalten ursprünglich kommt, ist nicht geklärt. Es gibt Hinweise darauf, dass die Mutterkatze diesen ziemlich leisen Laut von sich gibt, um ihre Jungen beim Jagdtraining auf eine Beute aufmerksam zu machen.

Kitty im Jagdeifer. Alles was klein ist und sich schnell vor der Katze hin und her bewegt, löst den Jagdtrieb aus. Auch dann, wenn die Beute nicht essbar ist.

DIE MAUS IM HAUS

Ein Schrei, und Hannibal, der schwarz-weiße Kater, zuckt erschrocken zusammen. Besser, er sucht vorsichtshalber das Weite, obwohl er sich keinerlei Schuld bewusst ist. Aber bei Susanne weiß man ja nie. Er, Hannibal, hat doch nichts weiter getan, als ihr Futter mit nach Hause zu bringen – nämlich ein halb totes Mäuschen.

Aber vor Susannes Füßen ist plötzlich ein eiserner Lebenswille in der Maus erwacht. Wie von der Tarantel gestochen rennt sie quer durchs Zimmer unter den nächstbesten Schrank. Und deshalb schreit Susanne so? Ist doch gar kein Problem für einen Kater. Die Maus hat keine Chance. Er wird sie schon fangen, eben später. Bis dahin könnten er und Susanne noch viel Spaß bei der Jagd auf das Mäuschen haben. »Warum jagt Hannibal Mäuse?«, denkt Susanne. Er bekommt doch genügend Futter. Müssen Katzen jagen, um glücklich zu sein? Katzen sind und bleiben kleine Raubtiere. Wenn sich etwas bewegt, das nach Beute aussieht, ist ihr Jagdfieber sofort entfacht. Auch Katzen, die satt sind, jagen. Normalerweise teilen Katzen ihre Beute nicht. Lediglich die Katzenmutter bringt sie ihren Kleinen mit. Zwischen einer Hauskatze und ihrem Menschen besteht zumeist ein enges Verhältnis. Dabei betrachtet sie uns als »Mama«, von der sie mit Futter versorgt wird. Doch aus Verbundenheit zu uns dreht Mieze den Spieß auch mal um und bringt uns Futter mit nach Hause. Wenn Sie keine halb toten oder toten Mäuse beziehungsweise Vögel mögen, entsorgen Sie sie diskret, denn Mieze wollte Ihnen Gutes tun. Abgewöhnen können Sie einer Katze ihre Jagdleidenschaft nicht.

DIE JAGD AUF MENSCHENBEINE

Kitty lauert hinter dem Vorhang. Endlich kommen wieder Beine vorbei. Sie stürzt aus dem Hinterhalt und beißt Marco herzhaft in den Knöchel. Marco lacht, denn ein »Indianer kennt keinen Schmerz«. Er beugt sich zu Kitty hinunter und streichelt sie. Marco ist stolz

Gewöhnen Sie Mieze schon von klein auf daran:
Hände und Füße sind keine Beute.
Setzen Sie Ihre Hände nur zum Streicheln ein.

auf seine kleine Schmusekatze, obwohl es ihn auch manchmal nervt, dass sie ihm so »an den Fersen klebt«. Und was lernt die Katze aus Marcos Verhalten? Ganz einfach: Knöchel beißen = Streicheleinheiten = Aufmerksamkeit. Und die Knöcheljagd hat auch noch Spaß gemacht. Ist doch toll für Kitty. Inzwischen attackiert die Katze jeden Besucher in der Wohnung, wodurch Marco langsam, aber sicher Probleme mit seinen Freunden bekommt. Sie sind auf Kitty, die Knöcheljägerin, alles andere als gut zu sprechen. Die weiblichen Gäste beklagen zudem reihenweise zerfetzte Feinstrumpfhosen. Hände und Füße sind keine Jagdobjekte! Genau das muss Mieze von klein auf begreifen. Aber oft genug lernt sie eher das Gegenteil, und daran sind wir meist selbst schuld. Ist es nicht nett, wenn das Kätzchen auf dem Rücken liegt, wir es mit der Hand zu Kampfspielchen animieren, das Kleine versucht, die Hand zu fangen, und schließlich seine Zähnchen in unser Fleisch versenkt? Bei jungen Katzen macht uns das sicher noch nichts aus. Doch wenn ein ausgewachsener Acht-Kilo-Kater blitzschnell zubeißt und blutige Wunden in unserem Fleisch hinterlässt, sieht die Sache anders aus. Hände sind zum Streicheln da, keinesfalls aber für wilde Kampfspiele und als Beuteersatz. Auch Füße dürfen nicht angegriffen werden. Ihrem Minitiger das Beißen in Hände und Füße wieder abzugewöhnen, wird schwer und erfordert einiges an Konsequenz von Ihnen. Für Beutespiele sollten Sie statt der Hände nur noch die Katzenangel einsetzen oder ein Spielzeug an einer Schnur vor Mieze hin und her bewegen (→ Seite 94). Knöchel beißen wird am besten mit Ignoranz bestraft. Keine Reaktion Ihrerseits heißt für die Katze, keine Aufmerksamkeit mehr zu bekommen. Doch zugegeben, es kann hart für Sie werden, bis Ihre Samtpfote »einsieht«, dass Ihre Hände und Füße und die anderer Menschen tabu für sie sind. Machen Sie Ihrer Mieze ausreichend Ersatzangebote, die ihre Jagdleidenschaft in annehmbare Bahnen lenken, zum Beispiel mit Luftschlangen aus Papier oder federleichten, springenden Pingpong-Bällen.

Kitty hat sich hinter der Tür versteckt, um mal wieder auf Knöcheljagd zu gehen. Wann kommt endlich jemand vorbei?

AUF GUTE UNTERHALTUNG

Die Katzensprache ist komplex und für uns nicht leicht zu verstehen. Doch wer sich mag, findet schnell einen Weg der Verständigung. Die kleinen Tiger tun jedenfalls viel dafür, und auch wir sollten unser Bestes geben.

SPRACHGENIES Was sagt die Katze? Wetten, dass Ihnen als Erstes »Miau« dazu einfällt? Richtig, aber die Stimme ist nur eine Möglichkeit der Samtpfoten, sich mitzuteilen. Die kleinen Tiger haben auch eine sehr ausgeprägte Körpersprache, mit der sie Stimmungen ausdrücken oder Absichten klarmachen können. Dazu kommt eine dritte

Sprache, die Katzen perfekt beherrschen: die »Duftsprache«. Diese Kommunikationsform ist vor allem für Katzen untereinander von großer Bedeutung. Uns bleibt diese Duftwelt weitgehend verschlossen, denn gemessen an dem hervorragenden Geruchssinn einer Katze sind wir meilenweit im Hintertreffen (→ Seite 65).

MEHR SCHEIN ALS SEIN

Lilly, das pechschwarze Kätzchen, lebt noch nicht lange im Haus (→ Foto, Seite 58/59). Ihre Menschen, die weithin als Tierfreunde bekannt sind, fanden Lilly und ihre beiden Geschwister vor ihrer Haustür in einem Karton. Wer auch immer sie dorthin gebracht hatte, tat es offenbar aus Mitgefühl, denn nicht wenige Katzenkinder werden auch heute noch einfach in der Wildnis ausgesetzt oder ertränkt. Lilly und ihren beiden Brüdern blieb dieses grausame Schicksal Gott sei Dank erspart. Inzwischen ist das Haus für sechs Samtpfoten und einen Hundewelpen zum Asyl geworden. In den zahlreichen Räumen und dem weitläufigen Garten gibt es genügend Rückzugsmöglichkeiten für den Einzelnen, wenn er einmal keine Lust auf Gesellschaft hat. Lilly hat sich inzwischen wunderbar in die Gemeinschaft eingefügt. Nur Lucky, der Mischlingswelpe, ist nicht unbedingt Lillys Fall. Als Lucky der kleinen Lilly das erste Mal im Garten begegnete, wuchs Lilly im wahrsten Sinne des Wortes über sich hinaus. Zwar hatte sie mächtige Angst vor dem fremden bellenden Wesen, das da plötzlich vor ihr stand, doch intuitiv überraschte sie den vermeintlichen Gegner folgendermaßen: Lilly plusterte sich auf, bis ihr alle Haare zu Berge standen und ihr Schwanz aussah wie eine Flaschenbürste. Sie hob drohend die Pfote und fauchte, was ihre kleine Kehle hergab. Lucky wich erschrocken vor diesem kleinen »Zerberus« zurück. Und genau das hatte Lilly beabsichtigt.

Klein trifft Groß. Die Schnupperprobe entscheidet über Sympathie oder Antipathie. Die beiden kennen sich bereits – und mögen sich.

Der große Bluff Mehr Schein als Sein ist nicht mehr als ein Bluff, den Katzen anwenden, wenn sie der Meinung sind, ihr Feind sei stärker. Die gesträubten Haare machen Mieze größer und imposanter, als sie in Wirklichkeit ist. So mancher Gegner lässt sich von der eindrucksvollen Silhouette einschüchtern und tritt den Rückzug an. Für Extremsituationen, etwa wenn der Fluchtweg abgeschnitten ist, haben die kleinen Raubtiere noch etwas Wirksameres in ihrer Trickkiste. Zum gesträubten Fell und zornigen Fauchen macht Mieze einen Buckel, stellt den Bürstenschwanz in einem Bogen vom Körper ab und zeigt dem Gegner ihre Breitseite. Alles in allem ein »Bild des Grauens«, das selbst überlegene Angreifer nicht selten das Fürchten lehrt.

SMALL TALK AUF KÄTZISCH

Bei Katzen können Unterhaltungen wortlos ablaufen. Allein ihre Körperhaltung und Mimik sprechen Bände. Schon aus einiger Entfernung erkennt Carlo anhand der Haltung von Kopf, Körper und Schwanz, wie zum Beispiel Garfield, der fette Nachbarskater, oder das zierliche Katzenfräulein Minou von gegenüber, heute drauf sind.

Auch Rang und Selbstbewusstsein lassen sich aus der Körpersprache ablesen. Beim Näherkommen werden die Informationen verfeinert, denn jetzt sind auch die Stellung der Ohren und Schnurrhaare erkennbar, die Größe und Form der Pupillen und ob das Fell anliegt beziehungsweise gesträubt ist. Garfield kauert geduckt auf der Mauer, die Vorderpfoten eng unter die Brust gestellt. Seine Ohren peilen nach vorne, der Schnurrbart ist weit gefächert, und er fixiert interessiert Fräulein Minou, die mit steil aufgestelltem Schwanz und stolz erhobenem Kopf zu ihm herschaut. Die beiden kennen sich, und Minou möchte Garfield sagen: »Hallo, ich bin's. Freut mich, dich zu sehen.« Doch Garfield ist heute schlecht gelaunt. Das zeigt allein seine geduckte und »weglaufbereite« Körperhaltung. Er will jetzt keinen »Small Talk« mit der kapriziösen Minou. Der Kater springt auf und verzieht sich. Minou weiß nun Bescheid, lässt sich aber durch das Verhalten des griesgrämigen Katers ihre gute Laune nicht verderben.

SCHON GEWUSST?

- Nach der Auswertung zahlreicher Tonbandaufnahmen kamen amerikanische Wissenschaftler zu dem Schluss, dass Hauskatzen über das größte Lautrepertoire aller Lebewesen – mit Ausnahme von uns Menschen – verfügen. Hauskatzen beherrschen nämlich sowohl die Baby- als auch die Erwachsenensprache.
- Aus verschiedenen Grundlauten können die Samtpfoten unterschiedlichste Zwischentöne bilden und so ihre Sprache individuell abwandeln.
- Im Gegensatz zu uns brauchen Katzen keine Rückmeldung des Gehörs, um sprechen zu lernen. Taube Katzen haben das gleiche Lautrepertoire wie hörende Artgenossen.

Im Vorgarten gegenüber entdeckt sie Carlo, und der sieht doch ganz entspannt aus: Er steht an einer Staude Katzenminze und schnuppert an den Blättern. Sein Schwanz hängt lässig nach unten, nur die Spitze ist leicht nach oben gebogen. Er fühlt sich sichtlich wohl. Mal schauen, ob das auch so bleibt, wenn Minou den Abstand verringert. Carlo sieht die hübsche Kätzin und kommt in einen Konflikt. Seine Schwanzspitze wedelt hin und her, er leckt sich über die Nase. Soll er Minou begrüßen oder weiter den betörenden Duft der Katzenminze genießen? Doch seine Freundin ist ihm wichtig. Mit erhobenem Schwanz, der aussieht wie ein Fragezeichen, rennt er an den Lattenzaun und gibt ihr zwischen den Latten hindurch ein Nasenküsschen: »Schön, dass du da bist.«

»Zoff nicht ausgeschlossen« Ein Blick in das Katzengesicht, und schon ist klar, dass sich dieser Minitiger bedrängt fühlt und Angst hat. Die Pupillen vergrößern sich mit zunehmender Anspannung. Die Ohren drehen sich von vorne immer mehr seitwärts. Die Schnurrhaare werden nach hinten gelegt. Wer diese Signale missachtet, kann Miezes Krallen schmerzhaft zu spüren bekommen.

»Angriff voraus« Meist sind es unkastrierte Kater, die offensiv den Kampf androhen. Zum »Kampfbild« gehören zu Schlitzen zusammengezogene Pupillen, breit gefächerte Schnurrhaare und Ohren, die schräg nach hinten stehen. Die Beine sind durchgedrückt, und auf dem Rücken ist ein schmaler Fellstreifen gesträubt. Der Schwanz ist kurz hinter der Wurzel hakenförmig abgebogen.

»Habe Angst« Sehr ängstliche und unsichere Katzen möchten sich am liebsten unsichtbar machen. Sie kauern am Boden oder drücken sich in eine Ecke. Der Schwanz ist eingezogen. Die Ohren sind so flach seitlich am Kopf angelegt, dass man sie fast gar nicht mehr sieht. Auch die Schnurrhaare liegen an. Die Pupillen sind riesengroß, der Blick wirkt starr, und das Kinn ist an die Brust gedrückt.

1 Wer bist du denn? Die getigerte Katze beobachtet den fremden Eindringling aufmerksam, aber noch gelassen.

2 Mach die Biege! Mit Fauchen und erhobener Pfote wird der Fremden klargemacht, dass sie hier Hausverbot hat.

DIE GRUNDVOKABELN DER KATZENSPRACHE

Für uns ist die Stimme das wichtigste Kommunikationsmittel, für Katzen dagegen nicht. Körper- und Duftsprache spielen in Katzenkreisen eine wesentlich wichtigere Rolle. Dennoch sind unsere Stubentiger alles andere als sprachlos. Damit wir sie noch besser verstehen, erfinden sie uns gegenüber, in ihren Augen manchmal etwas »begriffsstutzigen« Wesen, oft sogar besondere »Wortschöpfungen«. Die Samtpfoten greifen zudem auf ihre Babysprache zurück, um mit uns zu kommunizieren, und zeigen uns so ihre Anerkennung nach Katzenart: Sie fühlen sich bei uns so wohl und geborgen wie früher bei Mama und erkennen uns bedingungslos als »Oberkatze« an. Unsere Gesellschaft ist ihnen sogar oft mehr wert als der Kontakt zu Artgenossen. Wenn das kein Kompliment ist!

Das Zauberwort heißt »Miau« Ohne Zweifel ist »Miau« der typischste Laut, den wir – vom Kleinkind bis zum Senior – mit einer Katze verbinden. Für wild lebende erwachsene Vertreter der Katzengesellschaft ist dieser Laut jedoch völlig out. »Miau« ist »Babykätzisch«, das von heranwachsenden Katzen in der Natur abgelegt und durch ein Erwachsenenvokabular ersetzt wird. Früher sorgte der »Miau«-Hilferuf der kleinen Miezen stets dafür, dass Mama ihr Problem aus der Welt schaffte, gleich, ob der Hunger nagte, sie sich fürchteten oder verlaufen hatten. Hauskatzen verwenden diesen »Zauberlaut« uns Menschen gegenüber aber lebenslang. Aufmerksamkeit und die Erfüllung ihrer Wünsche und Forderungen sind so für die kleinen raffinierten Tiger in den meisten Fällen durch »Mama Mensch« garantiert (→ Seite 67).

Mit steif erhobenem, zitterndem Schwanz sprüht der Kater seinen Urin in die Hecke. So markiert er sein Revier an einer markanten Stelle.

Schnurren Katzen, die schnurren, fühlen sich wohl. Das ist zunächst einmal richtig. Schon im Babyalter signalisieren die Katzenkinder durch Schnurren: »Mir geht es gut«, und Mama schnurrt zurück: »Dann ist ja alles in Ordnung.« Und selbstbewusste Katzen schnurren, wenn sie befreundete, ängstliche Artgenossen treffen. Aber das Schnurren ist in Katzenkreisen nicht nur im Wellness-Bereich angesiedelt. Geschnurrt wird auch bei Schmerz und Beschwichtigungsversuchen von Katzen, die unsicher und ängstlich sind oder sich bedroht fühlen. Gleich in welcher Situation Katzen das Schnurren anwenden: Es wirkt immer beruhigend – auch auf uns, wenn Mieze auf dem Schoß sitzt und beim Streicheln schnurrt wie ein kleiner Motor (→ Seite 76).

Gurren Lockend und verführerisch klingt das kehlige Gurren der Katzenmutter, wenn sie ihre Kinderschar zu sich ruft, um ihnen zum Beispiel die erbeutete Maus zu zeigen. Eine rollige Kätzin verspricht mit diesem Laut dem Kater angenehme Liebesfreuden. Und auch befreundete Katzen begrüßen sich mit einem leisen Gurren, das verschieden moduliert werden kann.

Maunzen Es wird beim Betteln und für Beschwerden eingesetzt. Leise maunzend singt aber auch der Kater seiner Angebeteten ein Liebeslied vor.

Schnattern Katzen meckern oder schnattern, wenn sie beispielsweise am Fenster sitzen und davor eine unerreichbare Beute wie etwa eine Amsel sehen (→ Schon gewusst?, Seite 55).

Schnaufen Das vernehmliche Ausatmen durch die Nase kann man als Vorstufe einer Warnung bezeichnen. Der Katze passt das, was Sie gerade tun, nicht.

Fauchen Ein scharfes, stimmloses Fauchen stößt die Katze aus, wenn sie sich bedroht fühlt, ärgerlich ist oder Angst hat. Übesetzen könnte man diesen Laut mit: »Ich warne dich, noch ein bisschen, und dann setzt's aber was.«

Knurren Der tiefe bedrohliche Knurrlaut macht einem Hund alle Ehre. Die Warnung geht zum Beispiel an Artgenossen, die Mieze ihre Beute streitig machen wollen.

Hauskatzen haben zwei Sprachen im Gebrauch:
die Baby- und Erwachsenensprache.
Uns Menschen gegenüber bleiben sie das ewige Kind.

Jaulen und Drohgesang Das Knurren steigert sich in ein Jaulen und schließlich in an- und abschwellende Drohgesänge. So zeigen Kater untereinander ihre Kampfbereitschaft, wenn der Nebenbuhler nicht davon ablässt, um die Gunst der rolligen Kätzin zu werben. Auch Kater, die sich nicht leiden können, aber plötzlich im Revier aufeinandertreffen, streiten sich lautstark in diesen Tönen.
Spucken Der kurze Fauchton beginnt mit einem harten »K« und hört sich fast wie ein Knall an. Gespuckt wird vor allem dann, wenn sich Mieze heftig erschreckt oder wenn sie im Kampf den Gegener massiv beeindrucken will.
Kreischen Diesen hohen, hellen Laut stoßen Katzen in Panik aus. Beispielsweise, wenn sie sich – ohne eine Erfolg versprechende Fluchtmöglichkeit – in die Enge getrieben sehen.

DAS KLEINE EINMALEINS DER DUFTSPRACHE

Wie gut Katzen riechen können, ist für uns unvorstellbar. Auch Zahlenangaben helfen uns nicht wirklich dabei, die lebendige, bunte Geruchswelt der kleinen Tiger zu begreifen. Doch machen wir wenigstens den Versuch: Die Riechschleimhaut in der Katzennase enthält über 200 Millionen geruchswahrnehmende Zellen. Wir verfügen nur über etwa ein Zehntel davon. Hunde und Katzen nehmen selbst dann noch einen Geruch wahr, wenn dieser tausend- bis zehntausendmal niedriger konzentriert ist als das, was wir zu riechen vermögen. Haben Sie nun ein genaues Bild vor Augen, wie gut der Geruchssinn einer Katze ausgeprägt ist? Wahrscheinlich nicht, aber immerhin ist die Duftsprache der Samtpfoten bereits so weit entschlüsselt, dass wir erahnen können, wie wichtig sie für Katzen selbst und bei der Kommunikation mit ihresgleichen ist. Allerdings ist es nicht ganz leicht, die Mehrfachbedeutungen der Sprache richtig zu verstehen.
Was bedeutet »Duftsprache« eigentlich? Katzen haben Duftdrüsen an Kinn und Wangen, an den Pfoten, zwischen den Zehen und den Ballen, an den Flanken und an der Oberseite

Damit die Harnmarke auch hinreichend verbreitet wird, verteilt sie der Kater mit den Vorderpfoten möglichst großflächig.

Minka macht ein kleines Mittagsschläfchen auf »ihrer« Gartenbank. Das Holz ist von ihren Kratzorgien deutlich gekennzeichnet. Und alle Nachbarskatzen wissen: Das ist Minkas Bank.

des Schwanzes. Darüber hinaus trägt auch der Geruch des Harns eine eigene Note, und der Kot wird mit einem persönlichen Duft aus den Analdrüsen angereichert. Katzen produzieren verschiedene Gerüche, sogenannte Pheromone (→ Seite 82). Die meisten davon sind für uns nicht wahrnehmbar. Die unterschiedlichen Pheromone erfüllen mehrere Aufgaben.

- Sie sind für die Reviermarkierung wichtig. So werden zum Beispiel Nutzungsrechte festgelegt (→ Seite 41).
- Sie enthalten persönliche Informationen ihrer Produzenten an Artgenossen wie etwa: »Bin im besten Alter, männlich und auf der Suche nach einer Braut.« Auch der soziale Status und vielleicht sogar die momentane Stimmung sind aus den duftenden Botschaften abzulesen.
- Sie haben eine beruhigende Funktion. Wer sich mit seinem eigenen »Parfüm« umgibt, schafft sich eine Atmosphäre, in der er sich geborgen fühlt.

Anrüchige Informationsträger Kot und Urin von Katzen stinken uns gewaltig. Für die Katzengesellschaft ist beides jedoch ein Statussymbol, das die Rangordnung des Einzelnen anzeigt und aktuelle Meldungen über seinen Produzenten verbreitet. Dominante Samtpfoten hinterlassen ihre Kothäufchen offen, für jeden sichtbar, an ihren Wegstrecken. Untergeordnete Katzen dagegen vergraben ihre Hinterlassenschaften, um ja keinen stärkeren Artgenossen durch ihren Geruch auf sich aufmerksam zu machen und möglichen Prügeleien aus dem Weg zu gehen. Übrigens, wenn eine Hauskatze ihre großen »Geschäfte« in der Einstreu des Katzenklos verscharrt, heißt das nichts anderes, als dass sie den höheren Rang ihrer Menschen oder ihrer Mitkatze(n) anerkennt.

Häufiger als mit Kot markieren Katzen allerdings mit Harn. Unkastrierte Kater versprühen ihn an markanten Stellen ihres Reviers, etwa an einer Hecke oder einem Zaunpfahl. Auch Kätzinnen sind dazu in der Lage, wenden diese Art von Markierung aber seltener an. Das Duftbild des Harns gibt revierfremden Katzen detaillierte Auskunft über den »Absender«, etwa wie stark dieser ist, welches Geschlecht er hat und wann er hier war. Leider versprühen auch kastrierte Kätzinnen und Kater manchmal Harn in der Wohnung. Meist handelt es sich um wenig selbstbewusste Tiere, die am Sessel, Türrahmen oder an jedem neuen Gegenstand in der Wohnung ihre »duftenden« Visitenkarten hinterlassen. Der Geruch ihres eigenen Harns gibt solchen Katzen ein Gefühl der Sicherheit und Beruhigung. In solch einem Fall sollte man die Hilfe eines Katzentherapeuten in Anspruch nehmen.

In Krallenschrift verfasst Krallenpflege ist nur ein Aspekt, warum Katzen an bestimmten Stellen kratzen. Ebenso wichtig sind dabei die Mitteilungen an die Adresse des Artgenossen, der an der Kratzstelle vorbeikommt (→ Seite 116). Während Mieze ihre Krallen »runderneuert«, werden Duftdrüsen aktiviert, die zwischen ihren Zehen sitzen. Dabei wird eine individuelle Duftmischung mit dem Schweiß der Pfotenballen auf die Kratzfläche übertragen. Minkas Lieblingskratzstelle steht im Garten – eine alte verwitterte Holzbank, die sichtbare Spuren ihrer Kratzorgien trägt. Auf dieser Bank hält Minka bei schönem Wetter auch gern ungestörte Mittagsschläfchen. Inzwischen wissen alle Katzen aus der Nachbarschaft längst: Hier wohnt Minka.

Das Wohlfühlparfüm Katzen reiben Kinn, Wangen und Körper an Gegenständen, Menschen und befreundeten Katzen. Auch an diesen Stellen sitzen Drüsen, die ein Sekret produzieren, das für uns nicht riechbar ist. Diesmal geht es Mieze nicht darum, anderen etwas mittzuteilen, sondern sich selbst an der eigenen Duftnote zu berauschen. So schafft sie sich ihr Wohlfühlambiente. Umgekehrt nimmt sie auch Gerüche auf, zum Beispiel Ihren Geruch, wenn Sie sie streicheln. Anschließend putzt sich Mieze, um Ihren Geruch über ihren Körper zu verteilen. Dieser Gemeinschaftsgeruch stärkt die Bindung.

SCHON GEWUSST?

- Katzen setzen uns gegenüber fast immer ihren Willen durch, wenn sie etwas möchten. Sie sind Meister der Manipulation. Samtpfoten betten ein hohes, herzerweichendes »Miau« geschickt in ihr übliches Schnurren ein, das Frauchen oder Herrchen bis ins Mark treffen kann.
- Das Team um Karen McComb von der Universität von Sussex in Brighton nahm den Ruf bettelnder Kätzchen auf Band auf und spielte ihn anschließend vor zweibeinigen Teilnehmern ihrer Studie ab. Diese empfanden das Miau als dringenden Hilfeschrei, der sie zum Handeln bewegte. Wurde das Miau auf den Aufnahmen aus dem tiefen, zufriedenen Schnurren eliminiert, entfiel bei den Teilnehmern das Gefühl, zu Hilfe eilen zu müssen.

1 Körpersprache leicht gemacht. Sie liegt halb auf dem Rücken und streckt alle viere von sich. Ihr geht es so richtig gut.

WIE KATZEN MIT UNS SPRECHEN

Fanny und ihr Frauchen leben schon viele Jahre gemeinsam in der Erdgeschosswohnung mit Gartenanteil. Inzwischen sind die beiden ein eingespieltes Team. Wenn Fanny nach draußen will, setzt sie sich vor die Terrassentür und fordert mit einem energischen »Miau« Ausgang. Im Sommer bleibt die Tür während Fannys Spaziergang geöffnet, doch im Winter wird sie hinter ihr geschlossen, damit es warm bleibt. Anfangs musste Fanny dann längere Zeit in der Kälte ausharren, denn ihr »Miau« – ob kläglich oder immer fordernder – drang nicht bis zu Frauchen durch. Fanny begriff schnell: So geht das nicht. Und schließlich fand sie die Lösung ihres Problems. Sie muss nur mit ihren Krallen am Glas der Tür kratzen, und schon öffnet sich der Eingang ins warme Paradies.

2 Verlegen leckt sich Mieze das Näschen. Sie befindet sich in einem Konflikt. Soll sie sitzen bleiben oder lieber verschwinden?

3 Irgendwie ist Mieze das Ganze nicht geheuer. Das kann man an ihrer leicht gespannten Körperhaltung deutlich ablesen.

Die kleinen Tiger geben sich viel Mühe, damit die Verständigung zwischen ihnen und uns klappt. Sie wissen, dass wir uns – im Gegensatz zu ihnen – nur mit der Stimme und mit Gesten unterhalten können. Diesem »Armutszeugnis« tragen sie Rechnung. Für eine unmissverständliche Unterhaltung setzen sie alles ein: ihre hervorragende Beobachtungsgabe, deutliche Mimik, Körper- und Lautsprache.

Miau in allen Variationen Ein »Miau« kann über sechzehn verschiedene Bedeutungen haben. Welche, das wird Ihnen Ihr Liebling in kurzer Zeit beibringen. Dazu einige Beispiele von Mimi. Ihre Forderung klingt so: »Miiiau.« Die freundliche Begrüßung heißt: »Me.« Ihr Wunsch, mit Frauchen zu spielen: ein lang gezogenes »Maaa.« Und Empörung hört sich folgendermaßen an: »Au.« Das »Mi« davor entfällt dann ganz.

In welchem Tonfall die Laute hervorgebracht werden, hängt von der Situation und Ihrer Reaktion ab – vom Kasernenton bis hin zum schmeichelnden »Bitte tu's für mich« ist bei den Samtpfoten alles drin (→ Schon gewusst?, Seite 67).

Ich zeig dir was ich meine Mein Kater Felix steht schon seit einer Weile wie angewurzelt vor seinem Lieblingsstuhl am Fenster. Über die Schulter wirft er mir einen langen durchbohrenden Blick zu. Er will etwas, aber was? Es folgt ein vorwurfsvolles Maunzen, und endlich geht mir ein Licht auf. Seine Kuscheldecke fehlt auf dem Stuhl, und die soll ich jetzt, bitte schön, schleunigst hinlegen. Hab's kapiert. Manche Katzen nutzen auch bestimmte Geräusche, um sich verständlich zu machen, wie etwa Fanny, die auf Kratzgeräusche setzt, oder Tobi, der behaarlich an der Tür scharrt, wenn er rausmöchte.

WIE KATZEN UNS VERSTEHEN

Im Zusammenleben mit uns zeigen sich Katzen außerordentlich anpassungsfähig und lernen gern dazu – innerhalb ihrer Möglichkeiten, versteht sich. Vermenschlichen dürfen wir die kleinen Tiger nicht. Es ist wichtig, das Wesen der Samtpfoten zu verstehen und ihre Verhaltensweisen richtig zu deuten. Mieze ist nicht undankbar, wenn sie sich eben noch streicheln ließ, plötzlich aber schmerzhaft zubeißt. Sie hatte einfach genug vom Verwöhnprogramm, und wir haben ihre eindeutigen Zeichen übersehen: zuckende Schwanzspitze, Ohren zur Seite gedreht, große Pupillen. Katzen sind auch nicht rücksichtslos, wenn sie uns in aller Frühe aus dem Bett scheuchen, obwohl wir Urlaub haben und ausschlafen möchten. Normalerweise gibt's doch – außer sonntags – immer um sieben Uhr Frühstück! Aus Katzensicht haben sich die Samtpfoten jedenfalls nichts zuschulden kommen lassen (→ Seite 82).

Der Ton macht die Musik An Ihrem Tonfall kann Mieze ablesen, ob es im Moment um etwas Positives oder Negatives geht und in welcher Stimmung Sie sich gerade befinden. Je nachdem, welchen Klang Sie Ihrer Stimme geben,

Der längste Katzenschwanz der Welt? Möglich. So getragen signalisiert er beste Laune.

können Sie Ihren kleinen Tiger herbeilocken, ihn loben, beruhigen oder ausschimpfen. Er versteht Sie schon, wenn auch nicht den Sinn Ihrer Worte. Helle, leise Töne empfinden Samtpfoten als positiv, schrille, laute und dunkle Töne als negativ.

Zeichensprache Katzen sind genaue Beobachter, denn sie müssen jede Nuance der Körpersprache ihrer Artgenossen richtig interpretieren. Das tun sie natürlich auch bei uns. Mieze lernt dabei zum Beispiel Handzeichen zu verstehen. Stellen Sie sich vor, Sie sitzen auf der Couch und möchten, dass die Katze auf Ihren Schoß springt. Sie locken sie mit heller Stimme und klopfen dabei gleichzeitig mit einer Hand einladend auf Ihr Bein. Nimmt die Katze das Angebot an, springt sie bald auch nur auf Ihr Handzeichen hin auf Ihren Schoß.

Wichtig für die Mensch-Katze-Verständigung ist die richtige Interpretation der Signale, die beide aussenden und wahrnehmen.

Vertrauter Geruch Ihr persönlicher Geruch ist für das Wohlgefühl von Mieze wichtig und in ihrem Duftgedächtnis abgespeichert. In Ihnen sieht sie schließlich »Mama«, bei der sie sich geborgen fühlt. Wundern Sie sich also nicht, dass Ihr Liebling zunächst einmal verstört reagiert, wenn Sie plötzlich ein neues Parfüm benutzen oder mit dem Geruch des Nachbarhundes, den Sie gestreichelt haben, nach Hause kommen.

NACHGEFRAGT

Katzen richtig verstehen

Dr. Helga Hofmann studierte Biologie mit dem Schwerpunkt Zoologie, insbesondere Verhaltensforschung. Eines ihrer Spezialgebiete sind Katzen und deren Möglichkeiten zur Kommunikation.

Haben Katzen hellseherische Fähigkeiten?

Nein, Katzen können weder in die Zukunft sehen noch Gedanken lesen. Aber sie sind exzellente Beobachter und registrieren die kleinsten Veränderungen an uns Menschen. In Kombination mit ihrem hervorragenden Zeitgefühl lässt sie das häufig sehr treffgenau vorherahnen, was jetzt gleich kommen wird. Zum Beispiel, wenn Sie zur gewohnten Fütterungszeit einen Blick auf die Uhr werfen und daraufhin Ihr Buch beiseitelegen, genügt das Mieze meist schon, um aufzuspringen, in die Küche vorauszulaufen und dort bereits erwartungsvoll vor dem Futternapf zu stehen, bis Sie ebenfalls dort angekommen sind.

Verstehen Katzen Spaß?

Nein, überhaupt nicht. Vor allem einen Ulk, der auf ihre Kosten geht, finden Katzen nicht lustig. Sie reagieren frustriert bis verschreckt darauf, je nach Charakter. Wenn etwa ein spielendes Kind als »wilder Tiger« fauchend auf die Katze zuspringt, wird diese entsetzt unters Sofa flüchten. Auch zum Beispiel einen scheppernden Gegenstand, an den Schwanz gebunden, findet Mieze nicht witzig. Unser Lachen können Katzen nicht als Entwarnung (»He, ist doch gar nicht gefährlich!«) interpretieren.

Welchen Fehler machen wir häufig im Umgang mit Mieze?

Viele Katzenbesitzer setzen bei ihrem Liebling ein logisches Denkvermögen voraus, zu dem eine Katze aber nicht imstande ist. Sätze wie »Nur wenn du aufhörst zu maunzen, bekommst du das Leckerchen, sonst nicht«, kann das Tier nicht verstehen. Auch keine Versprechungen für die Zukunft, etwa »Morgen spiele ich mit dir«. Der gelangweilte Stubentiger fühlt sich jetzt sofort vernachlässigt und reagiert seinen Frust womöglich am Vorhang ab – wofür er prompt auch noch geschimpft wird.

PARTNER FÜRS LEBEN

DAS BÜNDNIS Schon vor 9500 Jahren lebten Katzen und Menschen zusammen. Das beweisen Ausgrabungen auf der Insel Zypern. Hier fand man ein Katzenskelett, das neben seinem Menschen beigesetzt war. Im alten Ägypten wurde die Katze sogar zur Gottheit erhoben. Wer eine Katze absichtlich tötete, musste mit der Todesstrafe rechnen.

Aber nicht zu jeder Zeit verehrte man die Samtpfoten. Im Mittelalter legten christliche Theologen zahlreiche Eigenschaften der Katze wie etwa das Anschleichen an die Beute (= Falschheit) oder ihr geräuschvolles Paarungsverhalten (= Schamlosigkeit) so negativ aus, dass sie als Gefährtin von Dämonen und gar dem Teufel selbst galt. Doch zum Glück haben sich die Zeiten geändert, und wir können wieder offen unsere Liebe und Freundschaft zu den kleinen Tigern zeigen.

VON GÖTTERN UND TEMPELKATZEN

Bubastis, die ägyptische Stadt im östlichen Nildelta, ist an diesem Tag das Ziel Tausender Pilger. Boote über Boote bringen die Menschen aus allen Himmelsrichtungen auf dem Nil in die heilige Stadt. Die Stimmung ist ausgelassen und fröhlich, denn heute findet ein großes Fest zu Ehren der katzenköpfigen Göttin Bastet statt.

Bastet, die Mondgöttin und Tochter des Sonnengottes Ra, galt im alten Ägypten als Sinnbild des Lichtes in der Dunkelheit, der Freude und des Kindersegens – alles Eigenschaften, die Katzen zu bieten haben. Katzenaugen leuchten in der Dämmerung (→ Seite 12), Katzen sind sehr fruchtbar und bringen ihren Nachwuchs leicht zur Welt. Endlich am Ufer der Stadt angekommen, strömen die Massen zum Zentrum der Feierlichkeiten: dem monumentalen roten Tempel aus Granit, in dessen Innerem die goldene Statue der Göttin Bastet aufbewahrt wird. Heute bringen die Katzenpriester die Statue ins Freie, damit tatsächlich alle Pilger ihrer Göttin betend huldigen können. Katzenpriester waren damals sehr einflussreiche Männer von hohem Ansehen. Ihre Aufgabe bestand vor allem darin, sich um das Wohlergehen der heiligen Tempelkatzen, die als Wächter der Gottheiten dienten, zu kümmern. Die Wallfahrt nach Bubastis hatte aber auch noch einen anderen Zweck. An diesem Tag konnten Pilger, die eine tote Katze zu

Sanftes Kraulen unter dem Kinn. Angelina genießt dieses Verwöhnprogramm sichtlich. Schön, dass wir das für sie tun dürfen.

beklagen hatten, ihr Tier in geweihter Erde beisetzen. Die einbalsamierten Katzenkörper wurden sogar in Särgen bestattet. Für die Reise ins Jenseits gab man seiner Lieblingskatze Krüge mit Milch und einbalsamierte Mäuse als Wegzehrung mit ins Grab. Ihre Besitzer rasierten sich als Zeichen der Trauer die Augenbrauen ab. Im Laufe der Zeit entstanden schließlich riesige Katzenfriedhöfe an den verschiedenen Kultstätten, wie etwa auch in Heliopolis. Hier wurde der Sonnengott Ra, Vater der Bastet, in Gestalt einer großen Katze verehrt. Der trockene Wüstensand Nordafrikas konservierte die einbalsamierten Körper der Samtpfoten. Und so erzählen die Katzen-Mumien uns auch heute noch – Tausende Jahre später – Geschichten aus ihrer Zeit.

DIE WIEGE DER HAUSKATZE

Früher nahm man an, dass die Ägypter das erste Volk waren, das vor vier- bis fünftausend Jahren aus der nubischen Falbkatze ein Haustier machte. Dann fand man bei Ausgrabungen in Anatolien (Türkei) kleine Statuen von Frauen, die mit Katzen spielen. Das Alter der Statuen: etwa 7500 Jahre. Zu dieser Zeit wurden auch schon Katzen in Jericho

(Palästina) gehalten. Im Jahr 2001 entdeckte man auf Zypern das Grab eines Mannes, der offenbar mit seiner Katze beerdigt wurde. Das Katzenskelett war in derselben, nach Westen orientierten Haltung ausgerichtet wie das seines Besitzers. Bei der Katze handelte es sich um eine etwa acht Monate alte nubische Falbkatze. Das Alter beider Skelette: etwa 9500 Jahre. Es gilt heute als sicher, dass die Hauskatze in Vorderasien domestiziert wurde, und zwar an mehreren Orten, unabhängig voneinander. Ihre wilden Vorfahren waren Falb- und Steppenkatzen. Doch als die Ägypter schließlich damit begannen, Hauskatzen zu züchten, wurde die nordafrikanische Falbkatze zum wichtigsten Ausgangspunkt der Hauskatzenzüchtung.

WARUM KATZEN UNS GUTTUN

Warum lieben wir eigentlich die Samtpfoten so bedingungslos? Sie sind unabhängig und eigenwillig. Sie zeigen uns nicht selten die kalte Schulter, etwa wenn uns nach Schmusen ist, sie aber etwas ganz anderes vorhaben. Sie nehmen Leckerbissen als selbstverständlich hin – ohne uns dafür aus Dankbarkeit die Hände zu lecken. Sie setzen hartnäckig und unnachgiebig ihre Wünsche durch. Doch all das ist vergessen, wenn sie ihren Körper zärtlich an uns drückt, uns Köpfchen gibt, sanft mit der Pfote anstupst oder einfach nur neben uns sitzt, weil sie spürt, dass es uns nicht gut geht und sie uns trösten möchte.

Schnurren macht glücklich Felix sitzt mit halb geschlossenen Augen auf meinem Schoß und schnurrt, während ich ihn streichle. Ich spüre das Vibrieren seines Körpers. Nach diesem nervenaufreibenden Tag kehrt langsam Ruhe in mir ein, und schon allein dafür bin ich meinem kleinen Liebling dankbar. Jetzt fühle ich mich um einiges besser als eben noch ... Das Schnurren der Katze ist ein besonderer Laut, der beruhigend und besänftigend zugleich wirkt. Er entsteht im Kehlkopf der Katze und kann, ohne Pause, über einen längeren Zeitraum produziert werden (→ Seite 64). Legen Sie einmal einen Finger sanft an Miezes Kehle, wenn sie schnurrt, dann können Sie den Laut »fühlen«.

KATZEN ALS THERAPEUTEN

Jens ist ein kleiner, schwerbehinderter Junge. Seine Sehfähigkeit beschränkt sich auf die Unterscheidung von hell und dunkel. Er kann sich nur unartikuliert äußern und unkontrolliert bewegen. Seine Eltern beschlossen, zwei Katzen ins Haus zu holen, nachdem sie gelesen hatten, dass Tiere helfen können, behinderte Kinder zu fördern. Seit sechs Wochen leben der quirlige, gesprächige Kater Momo und seine vorsichtige, eher schweigsame Schwester Sina bei Jens und seiner Familie. Interessanterweise gingen gerade diese beiden Katzen beim Besuch der Züchterin auf das behinderte Kind zu. Den anderen Samtpoten dagegen schien Jens nicht ganz geheuer zu sein, wie er so auf dem Boden saß, mit den Ärmchen fuchtelte und komische Laute von sich gab. Jedenfalls hatten sich Momo und Sina eindeutig für Jens entschieden. Und dann geschah das Unglaubliche: Momo, der kleine Rabauke, liegt seit Wochen stundenlang bei Jens im Bett, leckt ihm sanft den Bauch und »spricht« zu ihm. Nach sechs Wochen streichelt der Junge das erste Mal gezielt und vorsichtig über sein weiches Fell. Seit einigen Tagen folgt Jens Momo selbstständig vom Schlafzimmer durch den Flur ins Wohnzimmer. Dieses kleine Wunder gelang nicht einmal der Krankengymnastin, die seit einem halben Jahr regelmäßig ins Haus kommt. Und noch etwas: Sina und Momo wechseln sich bei der Kinderbetreuung ab. Übernimmt Sina die »Aufsicht«, legt Momo bis zum »Schichtwechsel« ein erholsames Schläfchen in seiner Schlafmulde auf dem Kratzbaum ein.

Diese beiden sind zusammen aufgewachsen. Erwartungsvoll schauen sie zu Frauchen. Gibt es etwas Leckeres zu futtern? Tiere tun uns gut. Sie bereichern unser Leben.

Können Katzen heilen? Dieser Frage sind Wissenschaftler hinreichend nachgegangen mit eindeutigen Ergebnissen: Katzen und andere Heimtiere tragen zur Senkung des Blutdrucks und zur Kreislaufstabilisierung des Menschen bei. Wer Katzen hält, hat weniger Schlafstörungen und Kopfschmerzen. Sie sorgen für unser emotionales Wohlbefinden, steigern unser Selbstwertgefühl und wirken gegen Isolation und Einsamkeit. Katzen helfen uns, Stress zu bewältigen. Sie verschaffen uns Entspannung, Freude und Entlastung in unangenehmen Alltagssituationen. Wir können ihnen vertrauen, denn ihre Gefühle uns gegenüber sind echt. Sie hören uns zu und haben selten schlechte Laune. In den USA werden Katzen schon lange als »Co-Therapeuten« gezielt im Umgang mit Behinderten, psychisch Kranken und auch in Altersheimen eingesetzt. Glücklicherweise findet auch bei uns die tiergestützte Therapie immer mehr Anhänger.

EIN GUTES TEAM

Jeder Mensch hat seine eigene Persönlichkeit, ebenso jede Katze. Finden sich die Passenden zusammen, können Mensch und Katze ein Dream-Team werden. Worauf sollte man also achten, wenn man sich entschlossen hat, einen oder mehrere der kleinen Tiger bei sich aufzunehmen? Manche Samtpfoten machen sich allerdings auch selbst auf die Suche, den passenden Menschen zu finden. Eines Tages stehen sie vor der Tür und begehren Einlass.

Was haben Sie zu bieten? Wichtiger als die Wohnungsgröße ist für Katzen die Struktur ihres Lebensraums (→ Seite 16). Katzen ohne Freilauf brauchen jedoch mindestens eine Zweizimmerwohnung mit abgesichertem Balkon als Frischluftoase. Wie geht es bei Ihnen daheim zu? Haben Sie eine turbulente Familie, dann passt eine selbstbewusste, neugierige Mieze eher zu Ihnen als eine, die beim kleinsten Geräusch unter dem Sofa verschwindet. Ältere Menschen möchten oft lieber einen ruhigen Schmusebären, als einen kleinen Wildfang. Wer den ganzen Tag außer Haus ist, sollte sich gleich für zwei Samtpfoten, die sich gut verstehen, entscheiden (→ Seite 43).

Die beiden leben zusammen und teilen sich den Kratzbaum in bestem Einvernehmen.

Und dann noch eines: Katzenmenschen sind leise, einfühlsam, tolerant und nehmen so manches mit Humor. Laute, schrille, hektische, humorlose und sture Zweibeiner dagegen sind Katzen ein Gräuel.

Die richtige Katze finden Jeder wünscht sich eine menschenbezogene und aufgeschlossene Katze. Das auf Anhieb zu erkennen, ist gar nicht so leicht, wenn man die Qual der Wahl hat und unter mehreren Samtpfoten aussuchen kann. Verlassen Sie sich dabei auf Ihre Beobachtungsgabe. Wie sind die kleinen Tiger aufgewachsen? Die meisten Bauernhofkatzen zum Beispiel holen sich zwar regelmäßig ihr Futter an der Haustüre ab, haben jedoch keinen großen Bezug zum Menschen. Solche ungebundene, freiheitsgewohnten Miezen werden keine Schmusekatzen und eignen sich keinesfalls für die reine Wohnnungshaltung. Gut sozialisierte Katzen dagegen sind mit Mutter und Geschwistern aufgewachsen und von Anfang an verschiedene Menschen gewöhnt. Solche Katzen umringen Sie neugierig, wenn Sie sie sehen, und verschwinden nicht gleich unter dem nächstbesten Schrank – zumindest nicht für die gesamte Zeit Ihres Besuchs. Beobachten Sie auch das Verhalten der Mutterkatze. Zieht sie sich ebenfalls zurück und ist wenig zugänglich, hat sie dieses Verhalten bereits an ihre Kinder weitergegeben.

Kleiner Charaktertest Selbst in einem Wurf gibt es unterschiedliche Charaktere. Das eine Kätzchen ist forsch, das andere vorsichtig, es gibt kleine Rabauken, Mimosen oder Schmusebärchen (→ Seite 29). Testen Sie, mit wem Sie es zu tun haben. Setzen Sie sich auf den Boden und rascheln Sie mit Papier. Wie reagieren die Kleinen darauf? Der forsche Abenteurer kommt als Erstes näher, beschnüffelt Sie ausgiebig und klettert vielleicht sogar auf Ihnen herum. Das vorsichtige Katzenkind lässt seinen Geschwistern den Vortritt, läuft ihnen aber hinterher. Nehmen Sie die Katzenkinder nach einiger Zeit des Kennenlernens einzeln in die Hände. Der kleine Rabauke windet sich und will nur eines: zurück zu seinen Geschwistern und lieber eine Runde raufen. Der Schmusebär dagegen genießt eine Weile Ihre Streicheleinheiten schnurrend, bevor wieder etwas anderes seine Neugierde fesselt. Besonders kontaktfreudige Katzen bieten Ihnen mit aufgestelltem Schwanz sogar ihren Popo zur Geruchskontrolle an. Die Analkontrolle ist unter Katzen üblich, verrät doch der individuelle Duft der Analdrüsen, mit wem man es hier zu tun hat. Allerdings wird nicht jedem fremden Artgenossen diese Intimität zugestanden. Also können Sie sich etwas auf diesen Vertrauensvorschuss einbilden.

Tierheim-Katzen Viele erwachsene Katzen warten hier auf ein neues Zuhause. Das Gute daran: Die Persönlichkeit solcher Katzen ist bereits ausgebildet. Ihr Wesen und Temperament sind bekannt. Sind zwei Katzen offensichtlich miteinander befreundet, dann nehmen Sie am besten gleich beide (→ Doppeltes Katzenglück, Seite 42).

SCHON GEWUSST?

- Per Hand aufgezogene Katzen sind Menschen gegenüber nicht anhänglicher als solche, die mit Mutter und Geschwistern aufwuchsen. Die »Flaschenkinder« haben entscheidende Entwicklungsdefizite. Sie lernen während der Aufzuchtphase kein oder nur wenig soziales Verhalten. Später entpuppen sie sich häufig als Problemfälle, sind oft hyperaktiv und verhalten sich entweder überängstlich oder fordernd aggressiv.
- Wenn die Katzenmutter stirbt, ist es besser, nach einer Amme für die verwaisten Kätzchen zu suchen. Die Katzenamme hat selbst Nachwuchs und akzeptiert die kleinen »Fremdlinge« in der Regel problemlos. Sie nimmt sie auch von Anfang an in ihr »Erziehungsprogramm« auf.

1 Herbie will Verstecken spielen. Aber erst mal muss Frauchen mitbekommen, dass ihr kleiner Kater sich in der Decke vergraben hat.

DAS WILL ICH DIR DAMIT SAGEN

Welche Möglichkeiten die Katze hat, um sich mitzuteilen, konnten Sie bereits im vorangegangen Kapitel lesen. Hier noch eine kleine Übersetzung ihrer Körpersprache, die sie uns Menschen gegenüber verwendet.

»Schön, dass du da bist!« Ihr vierbeiniger Liebling galoppiert auf Sie zu, sein Körper ist gestreckt, der Kopf erhoben, sein Schwanz hoch aufgerichtet und die Schwanzspitze leicht abgeknickt. Die Schnurrhaare sind nach vorne gerichtet, und er schaut sie an. Dazu ertönt ein freundliches Maunzen zur Begrüßung. Die meisten Samtpfoten lieben es auch ihre Menschen – auf gleicher Augenhöhe mit ihnen – durch Köpfchengeben und von Nase zu Nase willkommen zu heißen (→ Rituale, Seite 28 und Foto, Seite 42).

2 Aha, Frauchen hat gesehen, wo ihr Liebling ist. Herbie schlägt die Krallen seiner Vorderpfote in die weiche Decke ...

3 ... und zieht sie sich über das Köpfchen. Jetzt muss Frauchen ihren kleinen Wildfang suchen.

»Ich mag dich!« Mieze reibt ihre Wangen, den Nacken oder die Flanken an Ihnen. Sie überträgt dabei ihren Geruch auf Sie und nimmt gleichzeitig Ihren Geruch auf. Auf diese Weise wird das Zusammengehörigkeitsgefühl gefestigt. Zuneigung demonstrieren die Samtpfoten auch durch das Lecken Ihres Gesichts oder der Hände, Pfoteauflegen und Köpfchengeben. Währenddessen wird üblicherweise tüchtig geschnurrt.
»Ich bin am verhungern!« Stufe 1: Schwanz hoch aufgerichtet und an der Spitze wie ein Fragezeichen geformt, den Kopf zu Ihnen hochgereckt und erwartungsvoller Blick. Stufe 2: Mit steifem Gang um Ihre Beine, Flankenreiben und Schwanzanlegen wird die Aufforderung, nun endlich das Futter herauszurücken, deutlicher. Stufe 3: Köpfchenreiben hilft doch meistens, damit die Mahlzeit endlich serviert wird. Stufe 4: Immer noch kein Essen da? Wie begriffsstutzig kann ein Katzenmensch eigentlich sein? In diesem Fall muss Mieze noch deutlicher werden: nachhaltiges Anstupsen mit der Pfote.
»Fang mich doch!« Mit steifen Beinen und erhobenem Schwanz galoppiert Mieze vor Ihnen her. Ihr Ansinnen ist klar: Sie sollen ihr hinterherlaufen.
»Du hast mich enttäuscht!« Sie sind übers Wochenende weggefahren und haben Ihre Katze von einem Catsitter versorgen lassen? Möglich, dass sie Ihnen bei Ihrer Rückkehr die »kalte Schulter« zeigt. Sie sitzt reglos von Ihnen abgewandt da. Oft macht sie sich für den Rest des Tages unsichtbar.
»Mir geht's schlecht!« Ihre Katze kauert in einer Ecke oder verkriecht sich. Die Pfoten sind unter den Körper gezogen, der Schwanz liegt eng an. Oft wird die Nickhaut sichtbar.

WAS KATZEN LERNEN MÜSSEN

Das Märchen von der Katze, die macht, was sie will, und sich nicht erziehen lässt, ist immer noch weit verbreitet. Dabei schätzen die Samtpfoten das harmonische Zusammenleben mit uns über alles und sind durchaus bereit, einiges dafür zu tun. Für uns heißt das aber auch, sich mit dem Wesen und den Ansprüchen der kleinen Tiger auseinanderzusetzen und nicht Dinge von ihnen zu fordern, die sie gar nicht erfüllen können oder wollen. Wer beispielsweise seiner Katze das Kratzen abgewöhnen will, wird Schiffbruch erleiden, denn das ist nun mal Katzenart und wichtig für die Kommunikation und die Krallenpflege der Samtpfoten. Mieze kann zwar lernen, Möbel, Tapeten oder Sessellehnen in Ruhe zu lassen, doch dafür müssen wir ihr andere Angebote etwa in Form eines Kratzbaums oder Kratzbrettes machen. Katzen sind nun mal eigenwillig. Sie lassen sich nicht dahin erziehen, auf Kommando »Platz!« oder »Sitz!« zu machen, wie etwa ein Hund.

SCHON GEWUSST?

- Katzen produzieren sogenannte Pheromone mithilfe ihrer Duftdrüsen. Die verschiedenen – für uns meist nicht wahrnehmbaren Gerüche – enthalten Botschaften an ihre Artgenossen und dienen der eigenen Beruhigung.

- Einige dieser Pheromone können heutzutage synthetisch hergestellt werden. Mithilfe des »Wohlfühl-Pheromons« kann beispielsweise die Eingliederung in eine neue ungewohnte Umgebung erleichtert werden. Es ist sogar möglich, das unerwünschte Harnmarkieren in der Wohnung zu therapieren. Auch der aufregende Transport im Katzenkorb fällt derart behandelten Katzen wesentlich leichter. Selbst stressbedingte Organkrankheiten kann man durch Pheromone günstig beeinflussen.

Doch alle Katzen mit einer guten Kinderstube haben gelernt, sich mit ihren Artgenossen in ihrem Revier zu arrangieren. Und als Artgenossen betrachten sie auch uns Menschen. Die kleinen Tiger sind durchaus lern- und anpassungsfähig, wenn wir verstehen, sie richtig zu motivieren, und uns ihre Denkweise verinnerlichen.

Erziehung von Anfang an Legen Sie gleich zu Beginn Ihres gemeinsamen Weges mit Ihrer geliebten Katze fest, welches Benimmrepertoire sie beherrschen sollte. Spätere Umerziehungsmaßnahmen sind langwierig und ganz sicher nicht immer von Erfolg gekrönt. Diese Grundregeln machen das Zusammenleben leichter:

- Die Katze hört auf ihren Namen und kommt herbei, wenn Sie sie rufen.
- Die Katze passt sich Ihrem Tagesrhythmus an.
- Ihre ungestörte Nachtruhe haben alle Katzen im Haus zu respektieren.
- Mieze verrichtet ihre kleinen und großen Geschäfte ausschließlich auf der Katzentoilette (→ Seite 120).
- Kratzen ist nur am Kletterbaum, an Kratzbrettern oder Kratztonnen erlaubt. Möbel, Teppiche und Tapeten sind keine »Kratzstationen«.
- Vorhänge, Esstisch und Herdplatten sind tabu.
- Ihre Hände und Füße bieten Mieze keinen Beuteersatz und dürfen nicht attackiert werden (→ Seite 56).

Auf die Motivation kommt es an Katzen lernen durch positive und negative Erfahrungen (→ Seite 34). Gute werden wiederholt, schlechte vermieden. Verstärken Sie Miezes gewünschtes Verhalten durch einen Anreiz, der ihr besonders wichtig ist. Klar ausgedrückt sind das in erster Linie Leckerbissen, die es nur selten gibt, wie etwa einen kleinen Happen gekochten Schinken oder ein erbsengroßes Stück Kalbsleberwurst (→ Seite 111). Je nach Charakter genügt der Samtpfote aber auch manchmal allein Ihre lockende Stimme oder die Aufmerksamkeit, die Sie ihr nach gewünschtem Verhalten zu Beispiel mit einer extra Spielrunde entgegenbringen. Streicheleinheiten als Belohnung empfindet Mieze dagegen vor allem dann als lästig, wenn sie ihr aufgezwungen werden.

Konsequenz ist alles Gestern noch war die Schlafzimmertür offen, heute bleibt sie verschlossen. Einmal hat das Betteln vom Tisch Erfolg, dann gibt es wieder keinen Happen. Als kleines süßes Katerchen durfte Flori sein Herrchen in die Hand beißen, jetzt, mit acht Kilo Lebendgewicht, wird er rüde weggestoßen, wenn er es versucht. Welche Katze soll das verstehen? Auch wenn es Ihnen schwerfällt, bleiben Sie konsequent. Für Katzen gilt nämlich der Grundsatz: Einmal erlaubt, heißt immer erlaubt. Stellen Sie sich auch auf hartnäckige Durchsetzungsversuche Ihres Lieblings ein. Dauermiauen und intensives Scharren an der Tür sind nur zwei Beispiele für den Einfallsreichtum der kleinen Schlaumeier.

Kein Wortwirrwarr Entscheiden Sie sich immer nur für ein und dasselbe Wort oder einen kurzen Satz, um Mieze zur Räson zu rufen, und sprechen Sie es in scharfem Tonfall aus. Zum Beispiel: »Nein!«, »Lass das!« oder »Hör auf!«

Ablenkungsmanöver Schläge in jeglicher Form sind tabu. Selbst ein leichter Klaps mit der Zeitung kann Katzen ängstlich-scheu oder aber aggressiv machen. Ganz abgesehen davon, dass Miezes Vertrauen zu Ihnen einen gewaltigen Knacks bekäme. Wenn ein verbaler Tadel Ihren Frechdachs nicht von seinem verbotenen Tun ablenkt, dann setzen Sie am besten die berühmt-berüchtigte Wasserpistole ein. Der unangenehme nasse Strahl aus einiger Entfernung kommt für die Katze aus dem Nichts und jagt ihr einen gewaltigen Schreck ein. Mit Ihnen jedenfalls bringt sie die unangenehme Erfahrung nicht in Verbindung.

Mit hoch aufgerichtetem Schwanz läuft Amelie zu Alexandra und gibt Köpfchen. Mit dieser liebevollen Geste sagt Amelie ihrem Menschen: »Ich mag dich!«

Alex hat Hunger. Das Umschmeicheln der Beine bewirkt in den meisten Fällen, dass der Kater nicht mehr lange auf sein leckeres Futter warten muss.

Strafen nach Katzenart Zischen, verbunden mit Ihrem erhobenen Zeigefinger, begreift die Katze schnell als Warnung, denn in Katzenkreisen hält man es nicht anders. Erhobene Pfote und Fauchen sind unmissverständlich. Auch das leichte Anblasen ins Gesicht der Katze versteht sie als Zurechtweisung. Es kommt einem Anfauchen von verärgerten Artgenossen gleich.

Das richtige Timing Nach einem langen Telefonat stellen Sie fest, dass Ihr kleiner Dieb Ihr Wurstbrot vom Tisch stibitzt hat. Doch der liegt schon längst auf der Couch und träumt. Ihn im Nachhinein zu »strafen«, würde er nicht begreifen. In seinem Kopf entsteht nur die Verbindung: »Ich darf nicht auf der Couch liegen.« Mieze muss stets auf frischer Tat ertappt und getadelt werden.

HILFE, ICH MUSS UMZIEHEN

In der heutigen Zeit sind Umzüge für uns Menschen an der Tagesordnung. Für Katzen, die mit umziehen müssen, bedeuten sie eine halbe Katastrophe. Doch wir können den Samtpfoten den Umzug ein wenig erleichtern.

- Denken Sie nicht gleich daran, Miezes alten zerfledderten Kratzbaum und ihr inzwischen unansehnliches Körbchen durch etwas Neues zu ersetzen. Ihre gewohnten Sachen vermitteln der Katze in ihrer ungewohnten Umgebung eine große Portion Sicherheit.
- Packen Sie Ihr Hab und Gut nicht innerhalb von zwei Tagen in Umzugskartons, sondern dehnen Sie die Packaktionen über mehrere Wochen aus. Dann wird Ihre Samtpfote das Ganze als ein Abenteuer empfinden. Hauptsache, sonst läuft alles wie gewohnt.
- Am Tag des Umzugs wird Mieze im Gästeklo oder Bad eingesperrt. Ihre Lieblingsdecke, Spielzeug, Näpfe und das Katzenklo erleichern ihr die »Haft«.
- Erst, wenn alle hektischen Aktivitäten in Zusammenhang mit dem Umzug abgeschlossen sind, sollten Sie Ihren Liebling persönlich in seiner Transportbox ins neue Heim umquartieren.
- Auch in der neuen Wohnung lernt Mieze zunächst nur Gästeklo oder Bad kennen, natürlich stehen auch hier ihre persönlichen Sachen zur Verfügung.

»Katzenmenschen« brauchen besonders viel **Einfühlungsvermögen,** um die sensiblen Samtpfoten richtig zu verstehen.

- Erst wenn die Möbelpacker gegangen sind und Ruhe eingekehrt ist, darf Ihre Samtpfote ihre neue Umgebung erkunden. Es wäre schön, wenn sie dabei auch beispielsweise ihren Lieblingssessel wiederfinden würde.
- Servieren Sie Ihrer Katze jetzt die erste leckere Mahlzeit und bleiben Sie eine Weile in ihrer Nähe. Ihr kleiner Tiger assoziert damit: »Alles in Ordnung!«

EINZUG IN DIE WOHNGEMEINSCHAFT

Seit einigen Tagen wohnt Karen mit ihrem Kater Othello bei Christoph und dessen Kätzin Mia. Das Glück der beiden Menschen wäre perfekt, wenn sich ihre Katzen vertragen würden. Doch Mia will nichts von Othello wissen. Sie faucht ihn an und verhaut ihn, wenn er in ihrer Nähe ist. Othello hat Angst vor der Kätzin. Die Situation ist für beide Katzen schwer. Mia, als Revierinhaberin, soll jetzt ihr Heim mit einem fremden Kater und einem fremden Menschen teilen. Othello hat sein Heim verloren, muss sich einer fremden Katze unterordnen, Karen mit Christoph teilen und sich an einen fremden Menschen gewöhnen. Ein Katzentherapeut löste das Problem. Er empfahl, die beiden Katzen noch einmal neu aneinander zu gewöhnen. Zunächst lebten Mia und Othello einige Tage in getrennten Räumen. Karen hatte die Aufgabe, die beiden Katzen wechselseitig mit einem Tuch abzureiben, damit sie sich an den jeweiligen Geruch des anderen gewöhnen konnten. Befreundete Katzen versehen sich durch Köpfchengeben mit einem Gruppengeruch. Auch eine synthetisch hergestellte Pheromonlösung (vom Tierarzt) als Spray oder Diffusor für die Steckdose hilft, den Gruppengeruch zu imitieren, und sorgt für Entspannung. Beide Katzen bekamen außerdem Bachblüten, genauer gesagt die Notfalltropfen »Rescue Remedy«. Die nächste »erste« Begegnung zwischen Mia und Othello fand unter Aufsicht bei einer gemeinsamen Fütterung, aber weit auseinandergestellten Näpfen in der Küche statt. Immerhin ließ Mia Othello in Ruhe fressen. Ein guter Anfang!

Alex muss deutlich werden. Nachhaltiges Anstupsen mit der Pfote heißt: »Aber jetzt bitte sofort!«

WER ERZIEHT HIER WEN? Ich weiß genau, was ich will.

Es hat übrigens gar nicht lange gedauert, bis meine Menschen kapiert haben, wie toll alles laufen kann, wenn sie sich mir einfach anpassen. Heute sind sie sogar in der Lage, meine geheimsten Wünsche zu erahnen. Hier meine ganz persönlichen Erziehungstipps mit Erfolgsgarantie ...

Lektion 1: Nicht alles akzeptieren Von nun an sollte ich also bei Nadine und Max wohnen. Zugegeben, die Trennung von meiner Mutter und den Geschwistern war zunächst ein Schock. Doch meine Neugierde half mir darüber hinweg. Voller Tatendrang, mit erhobenem Schwanz und stolz gerecktem Kopf, hielt ich Einzug in mein neues Reich. Zunächst inspizierte ich die Küche. Auf dem Boden stand ein leerer Plastiknapf. Nadine eilte beflissen herbei, öffnete ein Schälchen Fertigfutter und gab mir einen Löffel Futter in den Napf. Ich roch daran und sprang entsetzt zurückt. Das Plastik strömte einen entsetzlichen Geruch aus, und dieses Futter war auch nicht das Wahre. Max begriff schnell: Etwas klein gewürftelte gekochte Putenbrust, auf einem Tellerchen serviert, kann Wunder wirken. Das bestätigte ich ihm umgehend.

LUCIE

Die Kätzin (8 Monate) wohnt seit fünf Monaten bei Nadine und Max, einem jungen Paar. Die beiden glauben doch tatsächlich, sie hätten Lucie erzogen. Na ja, wenn sie meinen, aber Lucie weiß es besser.

Lektion 2: Mein Bett – unser Bett Auf meinem Rundgang durch die Wohnung stand ich plötzlich vor einer verschlossenen Tür. Das hassen Katzen! Ein ungehaltenes »Miiiau?!« meinerseits, und Nadine öffnete. Hier fand ich das, was ich jetzt brauchte: ein Bett. Seitdem schlafen wir zu dritt darin. Meinen Schlafkorb benutze ich nur, wenn ich ungestört sein möchte. Und geschlossene Türen? Die gibt's bei uns nicht!

Lektion 3: Nehmen und geben Keine Frage, Nadine und Max sind intelligente Menschen. Sie wissen genau, dass wir Katzen eine innere Uhr haben und deshalb pünktlich gefüttert werden möchten. Sie respektieren es, wenn ich keine Lust auf Schmusen habe. Sie können meine diversen Miau-Laute inzwischen perfekt verstehen, zum Beispiel wenn ich besonders empört bin, dann das »Mi« einfach wegfallen lasse, sondern nur noch ein »Au« von mir gebe. Natürlich funktioniert die ganze Erziehung nur mit angemessenen Belohnungen für die beiden. Beim Streicheln schnurre ich wie ein kleiner Motor und beruhige damit meine Menschen. Ich zeige meine Freude, wenn sie mit mir spielen. Und ich tröste sie, wenn ich spüre, dass es ihnen schlecht geht. Dafür verzichte ich auch mal auf meine tägliche Revierinspektion.

SPIEL, SPASS, SPANNUNG

Katzenkinder lernen durch Spielen, und erwachsene Katzen halten sich so in Form. Aber Spielen macht auch glücklich, denn dabei wird sowohl bei uns als auch bei Katzen das Glückshormon Dopamin freigesetzt.

SPIELEN IST LUXUS Wer Spaß am Spiel hat, fühlt sich sicher und ist satt. In der Natur genießen viele Tiere diese Privilegien vor allem in ihrer Kinderzeit, solange Mama sie beschützt und ihre Kleinen gut versorgt. Später lässt der Spieltrieb nach, denn wer selbstversunken spielt, ist unaufmerksam und wird schnell zur leichten Beute. Frei

lebenden erwachsenen Katzen fehlt außerdem die Zeit für ausgiebige Spielchen. Allein die anstrengenden Jagdzüge nehmen bis zu elf Stunden des Tages in Anspruch, wenn man einigermaßen satt werden will. Zwischendurch muss neue Kraft getankt, Körper und Fell gepflegt und im Revier patrouilliert werden. »Arbeitslose« Wohnungskatzen dagegen brauchen unbedingt das Spiel als Ausgleich.

DAS SPIEL MIT DER LIEBLINGSBEUTE

Der wunderschöne Sommertag war wie geschaffen für einen gemütlichen Kaffeeklatsch im Garten. Wir saßen am Tisch und genossen den selbst gebackenen Kuchen. Plötzlich tauchte Fanny, die Katze unserer Nachbarn, auf. Unsere Freundschaft begann mit einer kläglich miauenden Fanny, die an der Terrassentür stand und so tat, als würde man sie zu Hause verhungern lassen. Eigentlich hätten wir an ihrem glänzenden Fell und ihren wohlgeformten Rundungen erkennen müssen, dass es der Katze an nichts fehlte. Doch Fannys Vorstellung war »oscarreif«, und seit damals steht immer ein Döschen Thunfisch im eigenen Saft für die kleine Schauspielerin im Schrank. Heute wollte uns Fanny anscheinend auf ihre Weise dafür danken. Sie brachte uns eine lebendige Maus mit und führte uns in die hohe Kunst des Katz-und-Maus-Spiels ein. Neben dem Tisch ließ Fanny das Mäuschen ins Gras fallen. Das kleine zitternde Etwas saß zunächst wie gelähmt auf der Stelle. Erst als Fanny es mit der Pfote anschubste, unternahm die Maus einen Fluchtversuch. Darauf hatte Fanny nur gewartet. Ein Sprung, und schon war der kleine Nager wieder eingefangen. Jetzt trieb Fanny das Mäuschen mit schnellen Pfotenhieben vor sich her, setzte es erneut zwischen den Tatzen fest, nahm die Maus ins Maul, trug sie herum und schleuderte sie dann in die Luft. Mit einer akrobatischen Einlage und ausgefahrenen Krallen fing Fanny ihr »Spielzeug« wieder

Übung macht den Meister. Auf dem dicken Tau kann man prima balancieren und den Gleichgewichtssinn trainieren.

auf, ohne es zu töten. Inzwischen sah das Mäuschen erbärmlich aus. Sein Fell war von Fannys Speichel nass und verklebt, und es wirkte von all den Hieben ziemlich benommen. Es versuchte zwar immer wieder zu entkommen, hatte aber im kurz geschnittenen Rasen keine Chance. Und dann beendete Fanny endlich das lange Leiden der Maus und tötete sie mit einem Biss.

Warum spielt die Katze mit der Maus?
Viele Menschen denken jetzt: Katzen können grausam sein, das ist eben ihre dunkle Seite. Doch mit dieser Einschätzung liegt man bei den Samtpfoten völlig daneben. Eine frei lebende Katze muss in der Natur alles jagen, was eine potenzielle Beute darstellt, denn nur jeder dritte Jagdzug ist erfolgreich. Sie würde eine Maus niemals einfach laufen lassen, nur weil sie im Moment keinen Hunger hat. Das Fangverhalten wird allein durch die Bewegung eines Tieres, das in ihr Beuteschema passt, ausgelöst. Ist die Katze noch satt oder hatte sie, obwohl sie vielleicht sogar hungrig ist, längere Zeit keine Gelegenheit, eine Maus zu fangen, spielt sie zunächst mit der Beute, ohne sie gleich zu töten. Bevor die Katze endgültig

1 Herbie, zwölf Wochen jung, vertreibt sich die Zeit mit Blütenfangen und zieht dabei alle Register seiner körperlichen Fähigkeiten.

zum Tötungsbiss ansetzt, lässt sie die Maus laufen und fängt sie mehrmals wieder ein. Vielleicht macht sie sich auf diese Weise Appetit oder will den »Genuss« der Beute länger hinauszögern. Noch gibt es keine endgültige Erklärung für dieses Verhalten. Nur so viel ist klar: Die Katze »quält« ihre Beute nicht aus Grausamkeit. Sie kann nicht anders als zuschlagen, wenn sich Beute vor ihr bewegt.

MIEZEN-UNTERHALTUNGSPROGRAMM

Hauskatzen, denen es bei ihren Menschen gut geht, fühlen sich in ihrem Zuhause sicher, leiden weder Hunger noch Durst. Sie zeigen kindliche Verhaltensweisen bis ins hohe Alter, denn ihr Mensch ist für sie wie Mama, die immer für sie da ist. In diesem Umfeld können es sich unsere Minitiger in jedem Alter leisten, ihrem Spieltrieb freien Lauf zu lassen.

2 Die besten Blüten hängen ganz oben. Um an die heranzukommen, muss sich Herbie ganz schön anstrengen.

3 Ob die Blüte auch schmeckt? Nein, dieses Gewächs ist ganz und gar nichts für verwöhnte Katzenzungen.

Und das tun sie ausgiebig, denn sie sind in keinster Weise gefährdet, und Spielen macht glücklich. Vor allem Wohnungskatzen brauchen Spiel und Beschäftigung wie die Luft zum Atmen, um aufgestaute Energie abzubauen und körperlich und geistig fit zu bleiben. Ihnen fehlt die Abwechslung der Natur, die Anregung der Sinne und vor allem das Jagderlebnis. Einen Ersatz für all das können Sie Ihrem Stubentiger nur dann bieten, wenn Sie

- die Wohnung katzengerecht einrichten (→ Seite 16);
- die Sinne der Samtpfote mit natürlichen Dekomaterialien und Dingen aus der Natur anregen (→ Seite 17);
- täglich Spielrunden zusammen mit Mieze einplanen;
- Spielzeug anbieten, das leicht genug ist, um es zu schubsen oder mit einem Pfotenhieb in die Luft zu befördern.

SCHON GEWUSST?

- Katzen entdecken gern etwas Neues, sollten jedoch nicht mit zu viel Spielzeug überfrachtet werden. Besser Spielzeug immer wieder einmal austauschen. Wenn das »alte« eine Zeit lang in der Kiste verschwindet und dann wieder auftaucht, ist es für Ihren kleinen Tiger wie neu.
- Legen Sie »altes« Spielzeug über Nacht in ein geschlossenes Gefäß mit Baldriankraut. Der Duft macht es garantiert unwiderstehlich für Ihre Samtpfote.
- Katzen lieben es, wenn sich ihr Mensch auf Augenhöhe mit ihnen befindet. Gehen Sie deshalb für ein gemeinsames Spielchen öfters mal »zu Boden«. Übrigens für uns Menschen eine gute Fitnessübung.

KOMM SPIEL MIT MIR

Eben noch ist die Kätzin Samira vor Nikola hergelaufen, plötzlich duckt sie sich und schaut Nikola eindringlich an. Nikola weiß natürlich sofort, was los ist: Samira will spielen. Manchmal zeigt Samira ihre Spiellaune auch durch ein beharrliches Miauen an, oder sie nimmt ein Spielzeug ins Mäulchen und legt es Nikola direkt vor die Füße.

Heute kann Nikola ihrer Samtpfote die Spielrunde nicht abschlagen, denn in letzter Zeit kam Samira tatsächlich ein wenig zu kurz. Nikola holt Samiras Lieblings-Katzenangel. An einem Stab aus Fiberglas hängen an der dünnen, langen Schnur Federn mit kleinen Gewichten. Wenn Nikola dann die Angel schwingt, flattert der »Vogel« in unvorhersehbare Richtungen, und es entsteht ein Geräusch, das einem echten Vogel ähnlich ist. Samira ist verrückt nach dem »Vogel« und versucht ihn mit den tollsten Sprüngen zu fangen. Die begehrte Angel gibt es unter dem Namen »Da Bird« im Zoofachhandel zu kaufen. Heute weiß Nikola, wie man richtig mit einer Katze spielt. Doch das war nicht immer so. Wer Mieze nur das Federbüschel oder das Spielmäuschen an Angel oder Schnur vor die Nase hält, lockt keine Samtpfote hinter dem Ofen hervor. Da muss der Mensch schon Animateur-Qualitäten mitbringen, damit sein kleiner Tiger Spaß am Spiel hat.

Phase 1: Spannung aufbauen Rufen Sie Ihren vierbeinigen Liebling mit lockender Stimme und zeigen Sie ihm die »Beute«. Bewegen Sie die »Beute« langsam vor ihm hin und her. Lassen Sie der Katze Zeit, in Lauerstellung zu gehen und sich anzuschleichen.

Phase 2: Spannung erhöhen Jetzt wird die »Beute« immer schneller, bewegt sich zickzackförmig, mal vor, mal zurück, mal seitwärts. Sie versucht sich über den Sessel, unter dem Teppich oder der Decke in Sicherheit zu bringen. Mieze ist mit Feuereifer bei der Jagd – wetten dass?

Phase 3: Spannung abbauen Nach der aufregenden Jagd braucht Ihr kleiner Tiger natürlich ein Erfolgserlebnis: Er darf die Beute fangen und »erlegen«.

Katzen lieben Wasserspiele, werden aber nicht gern nass dabei. Eine tolle Erfahrung: Der Wasserstrahl am Brunnen lässt sich mit der Pfote beeinflussen.

Den Durst mit den Wassertropfen zu löschen, ist die eine Seite. Doch es macht auch noch Spaß, sie mit der Zunge aufzufangen. Und schon hat Mieze wieder ein lustiges Spiel erfunden.

GEBORENE SHOWTALENTE

Es gibt Miezen, die es regelrecht genießen, im Mittelpunkt zu stehen. Dafür sind sie sogar bereit, sich auf Hundeniveau herabzulassen und Dressurtricks zu lernen. Allerdings macht eine Katze immer nur so lange mit, wie ihr das Ganze Spaß macht. Zwingen lässt sie sich zu nichts. Nehmen wir zum Beispiel Griseldis. Sie springt auf das Kommando »Hopp!« durch einen Hula-Hoop-Reifen, der noch aus Sabines Kinderzeit stammt. Zunächst durfte Griseldis den Reifen eingehend beschnuppern und sich mit ihm vertraut machen. Dann stellte Sabines Freund den Reifen senkrecht auf den rutschfesten Boden und hielt ihn fest. Sabine lockte Griseldis nun mit einem Stück gekochter Putenbrust und den Worten »Hhm, Leckerli, hopp!« durch den Reifen. Bald klappte das Durchgehen reibungslos. Nach und nach »hob der Reifen vom Boden ab«, und Griseldis zeigte ihre Sprungkunst auf Kommando.

FEDERSPIELE

Auch Solospiele können spannend sein, Hauptsache, das Spielzeug lässt sich bewegen. Vielleicht hat sich Mieze bereits eine Walnuss, einen Korken, ein Bällchen oder die Spielmaus mit Glöckchen auserkoren. Jedenfalls muss sie es leicht durch die Gegend kicken und der »Beute« hinterherjagen können. Für Klein Hazel ist im Moment eine Feder, die langsam von oben herabschwebt, das Größte. Sie zu fangen erfordert ihre ganze Konzentration.

① Was ist denn das? Hazel hat die Feder entdeckt und beobachtet gebannt, wie sie Stück für Stück näher zu ihr heruntergleitet. Die Erregung ist ihr am geöffneten Mäulchen anzusehen. Auf drei Pfoten hat sich die kleine Kätzin in Position begeben, der Schwanz dient dabei als Balancierstange. Mit der rechten Pfote tatzelt Hazel zunächst ins Leere, denn die »Beute« ist noch viel zu weit von ihr weg.

② Hazel ändert ihre Strategie und richtet sich etwas höher auf. Diesmal legt sie ihr Gewicht auf die rechte Pfote und versucht die Feder mit links zu fangen. Klappt immer noch nicht. Die Feder tanzt zwar fast auf ihrer Nase herum, doch fangen lässt sie sich nicht.

③ Hier ist voller Körpereinsatz gefragt. Hazel stellt sich mit ausgebreiteten Vorderpfoten und ausgefahrenen Krallen auf die Hinterbeine. Wäre doch gelacht, wenn sie die »Beute« nicht zu fassen bekäme. Schließlich hat sie das Trainingsprogramm für Beutefang trotz ihres jugendlichen Alters mit Bravour absolviert. Mama war jedenfalls sehr zufrieden mit ihr.
④ Endlich gefangen! Hazel scheint es noch gar nicht glauben zu können, doch sie hält die Feder tatsächlich fest zwischen den Pfötchen. Noch immer steht sie auf den Hinterbeinen, ohne dabei das Gleichgewicht zu verlieren. Das soll ihr erst mal eines ihrer Geschwister nachmachen. Sie jedenfalls freut sich über ihre »Beute«.

⑤ Nachdem Hazel die Feder ausgiebig beschnuppert und sie per Biss-Test geprüft hat, weiß sie, dass diese »Beute« nicht fressbar ist. Kein Problem, denn kreative Katzen haben trotzdem Spaß. Nach dem anstrengenden Fang vergnügt sich Klein Hazel nun im Liegen mit der Feder. Mit einem Tatzenhieb wird diese in die Luft befördert und mit beiden Vorderpfoten wieder aufgefangen – eine prima Geschicklichkeitsübung, bei der die Zeit wie im Flug vergeht. Und dann taucht Frauchen auf. Schnell ist die Feder vergessen. Mit steil aufgerichtetem Schwänzchen schmeichelt Hazel um Frauchens Beine. Eigentlich hat sie sich doch nach all der Mühe ein Leckerli verdient, und das möchte Hazel jetzt einfordern.

Im Catnip-Rausch. Katzenminze versetzt die Hälfte aller Miezen in einen Glückszustand. Das duftende Spiel-Mäuschen wird solange »abgeschlabbert«, bis es ganz nass ist.

TALENTE FÖRDERN

Katzen können denken. Sie können zählen und sogar Mengen erfassen. Den Beweis dafür erbrachten der Verhaltensforscher Immanuel Birmelin, sein junges Forscherteam und natürlich die kätzischen »Testpersonen«. Vor Kater Kasimir stehen in einiger Entfernung vier Näpfe, die mit Pappdeckel abgedeckt sind. Auf der Pappe sind wie auf einem Würfel Symbole aufgezeichnet – ein Punkt, zwei Punkte, drei Punkte und vier Punkte. Einer der Forscher klopft nun mit einem Stößel viermal gegen ein Glas. Kasimir läuft los und bleibt kurz vor den Näpfen stehen. Er wirkt konzentriert, aber auch ein wenig unsicher. Doch dann ist alles klar. Zielstrebig wählt er den Deckel mit den vier Punkten, schiebt ihn mit der Nase beiseite und holt sich sein verdientes Leckerli. Die Denkleistung des Katers ist phänomenal: Er musste zunächst die Anzahl der Töne registrieren und sie dann mit den Symbolen auf dem Pappdeckel verbinden. Allerdings sind nicht alle Samtpfoten Rechenkünstler. Je nach Persönlichkeit haben Katzen unterschiedliche Talente, und die gilt es – besonders bei Wohnungskatzen – zu entdecken und zu fördern. Vielleicht ist Ihr vierbeiniger Liebling ein Tüftler, ein Showtalent (→ Seite 95), Praktiker, Akrobat, Erfinder, Forscher oder gleich mehreres. Finden Sie es heraus. Dazu einige Tipps:

Für Tüftler Die Schweizerin Helena Dbaly hat für ihre Katzen Fummelbretter gebastelt, die so gut bei ihren kätzischen Mitbewohnern ankamen, dass es inzwischen im Zoofachhandel ein Modell unter dem Namen »Katzenfummelbrett Cat Activity Fun Board« zu kaufen gibt. Fummelbretter trainieren Geschicklichkeit und Intelligenz der Samtpfoten. Basteltipps für Fummelbretter mit Gegenständen aus dem Haushalt finden Sie unter der Homepage von Helena Dbaly (→ Katzen im Internet, Seite 142). Beliebt ist auch ein Schuhkarton mit Deckel, der zum Beispiel mit ein oder zwei Tischtennisbällen plus ein oder zwei Leckerlis befüllt wird. Schneiden Sie an den Seiten mindestens pfotengroße Löcher in den Karton. Mieze muss Bälle und Häppchen herausangeln können. Auch eine Papprolle (vom Küchenpapier), die mit Leckerlis befüllt und an den Enden locker mit raschelndem Papier verschlossen wird, animiert Katzen mit Köpfchen.

Für Praktiker Sie brauchen das effektive, schnelle Erfolgserlebnis, sonst verlieren sie die Lust. Wie wär's mit einem nicht zu hohen Karton voll raschelndem, trockenem Laub oder Heu? Eine Duftquelle, die die Sinne anregt. Unten auf dem Kartonboden liegt ein Leckerli für die rasche Belohnung.

Für Akrobaten Mit zirkusreifen Sprüngen »erlegen« sie zum Beispiel die Spielmaus, die an einer Gummischnur tanzt und mithilfe von Klemmen etwa 60 bis 70 Zentimeter über dem Boden am Türrahmen befestigt wird. Aber Achtung, dass sich Mieze nicht in der Schnur verheddert! Besonders beliebt bei jungen Katzen sind dicke Klettertaue und kleine Strickleitern, die fest in der Decke verankert sind und bis zum Boden herabhängen. Quer gespannte Taue laden zum Balancieren ein (→ Foto, Seite 91). Werfen Sie für Ihren kleinen Akrobaten auch Papierflieger, Federn oder Papierkugeln durchs Zimmer.

Für Erfinder Die tollsten Spiele erfinden diese Katzen selbst. Da wird beispielsweise eine große Murmel durch die Badewanne gekickt, der Plastikeierbecher als »Fußball« benutzt, der Trockenstrauß mit Wonne zerfleddert oder in der Blumenerde gebuddelt, wenn sich nichts anderes auftreiben lässt.

Für Forscher Alle Katzen sind neugierig, doch dieser Typ ist es ganz besonders. Jede Art von »Höhle« zieht diese kleinen Tiger magisch an – gleich ob Kartons, Kisten, Kästen, offene Schubläden, Schränke, Schachteln, Körbe oder Papiertüten (Henkel abschneiden!). Cindy erforscht besonders gern die liegende Amphore im Wohnzimmer. Sie ist zur Hälfte mit raschelndem Papier gefüllt, und ganz hinten findet sie immer ein Leckerli – so macht Höhlenforschen noch mehr Spaß.

SCHON GEWUSST?

- Katzenminze (Catnip) enthält ätherische Öle, die auf fünfzig Prozent der Katzengesellschaft eine ähnliche Wirkung haben wie auf uns Menschen Marihuana. Mieze erlebt einen tranceähnlichen Zustand. Sie ist »high«. Die andere Hälfte der Katzen macht sich nichts aus dem Kraut, was offenbar erblich bedingt ist.
- Junge Kätzchen bis zu drei Monaten lassen grundsätzlich die Pfoten von einem Katzenminze-Trip, obwohl er nicht gesundheitsschädlich für Samtpfoten ist.
- Auch andere frische oder getrocknete Kräuter wie etwa Baldrian, Basilikum, Dill, Lavendel oder Melisse versetzen Katzen in einen Glückszustand.

MAUSI, ANABELL UND DAS FRANSENSPIEL

Beobachten Sehen, aber nicht gesehen werden – etwas, das alle Katzen lieben. Mausi hat sich hinter dem Vorhang versteckt und beobachtet ihre Schwester Anabell. Die Fransen des Vorhangs schaukeln verführerisch im Wind. Anabell will sie fangen. Für kleine Katzen eine tolle Sache, gezielten Körpereinsatz zu trainieren. Mit so viel Übung könnte man sich später – wenn es denn sein müsste – selbst seinen Lebensunterhalt als Mäusefänger verdienen. Anabell bearbeitet die Fransen mit ausgefahrenen Krallen in allen Positionen – sitzend, stehend, liegend. Manchmal verheddert sie sich in den dünnen Fäden. Das könnte gefährlich werden, zum Beispiel beim Spiel mit einem Wollknäuel oder mit Geschenkbändern. Schon manche Katze hat sich unglücklich darin verfangen, Gliedmaßen abgeschnürt oder gar stranguliert. Doch bei diesem Fransenspiel kann nicht viel passieren. Dafür sind die Fäden viel zu kurz.

Mitmachen Mausi ist es hinter dem Vorhang zu langweilig geworden. Sie will lieber bei dem lustigen Fransenspiel mitmachen. So vertreiben sich die beiden Katzen die Zeit und sind schließlich geschafft. Nach diesem ausgiebigen Fitnesstraining fallen sie erschöpft in einen tiefen Schlaf. Eng aneinandergekuschelt entspannen die beiden, bevor es danach wieder mit vollem Elan in die zweite Spielrunde geht.

ALLES GESCHMACKSACHE

Frische Mäuse sind die Leibspeise aller Katzen. Doch die Jagd ist anstrengend und leider nicht immer erfolgreich. Unsere Stubentiger kennen keinen knurrenden Magen. Sie bekommen leckeres Futter serviert.

WÄHLERISCHE KOSTGÄNGER Wild lebende Katzen sind keine heiklen Fresser. Die Natur bietet ihnen recht wenig Abwechslung. Hauskatzen dagegen lernen schnell ihre Vorlieben durchzusetzen. Manche Samtpfoten gehen gar in Hungerstreik, bis ihnen ihr Mensch entnervt wieder ihre Leibspeise vorsetzt. Doch was Mieze mag, tut

ihr nicht immer gut. Wer nur auf Leberwurst oder Frischfleisch pur steht, ernährt sich einseitig. Hochwertiges Fertigfutter deckt alle Bedürfnisse des Katzenkörpers. Aus den verschiedenen Geschmacksrichtungen darf Mieze unbesorgt selbst herausfinden, was ihr am besten schmeckt.

LECKERE MÄUSESNACKS

Er versetzt die Mäusegesellschaft in der Umgebung regelmäßig in Angst und Schrecken. Er kennt alle Tricks, um ihre Reihen zu lichten (→ Seite 48). Am frühen Morgen hat der muskulöse Kater bereits drei Mäuschen erbeutet und sie in Ruhe unter einem Busch, in der für Katzen typischen Kauerstellung, genüsslich verspeist. Natürlich nicht, ohne seine Beute vorher genau beschnuppert und von ihr gekostet zu haben. Schließlich hätte er versehentlich auch eine Spitzmaus erlegen können, und die fressen Katzen grundsätzlich nicht. Warum nicht, das ist bisher noch nicht geklärt. Doch nein, »seine« Mäuse sind einwandfrei. Vor dem Schmaus schüttelt der Kater die Beute noch einmal kräftig, um sie von Staub und Sandresten, die im Fell hängen, zu säubern. Dann frisst er die noch körperwarme Maus, mit dem Kopf beginnend. Natürlich reichen drei Mäuschen nicht aus, um einen ausgewachsenen Kater satt zu machen. Dazu müssten heute noch etwa neun Mäuse ihr Leben lassen und seinen Magen füllen. Doch der Tag ist noch jung. Zufrieden und erschöpft von der anstrengenden Jagd liegt der Kater nun in der Sonne und gähnt. Dabei wird sein Raubtiergebiss gut sichtbar. Mit den langen, gebogenen Eckzähnen wird die Beute gepackt und getötet. Die Reißzähne können größere Fleischstücke zerteilen und kleinere Knochen brechen. Die winzigen Schneidezähne werden allerdings kaum zur Nahrungsaufnahme eingesetzt, sondern finden eher bei der Fellpflege Verwendung (→ Seite 114). Nach einem ausgiebigen Schläfchen fühlt sich der Kater wie neu

Frischer Joghurt – sehr verführerisch für das Kätzchen. Doch ein bis zwei Teelöffel pro Woche genügen und sorgen für ein schönes Fell.

geboren, fit und stark genug für den nächsten Jagdzug und hoffentlich einen weiteren Mäusesnack, denn viel ist an so einem Mäuschen wahrlich nicht dran. Nur die Menge kann's machen. Katzen haben einen recht kleinen Magen und einen kurzen Darm. Das bedeutet: Sie brauchen leicht verdauliche, energiereiche Nahrung, vor allem Fleisch. Aber auch »Grünzeug« ist für die Gesundheit der Katze wichtig. Die kleinen Nager bieten den Minitigern ein ausgewogenes Komplettmenü. Ihr Fleisch liefert tierisches Eiweiß, Fett und Vitamine. Knochen und Blut enthalten Mineralien. Der Mageninhalt einer Maus besteht aus vorverdautem Getreide und Pflanzenteilen, die den Katzenorganismus mit Kohlenhydraten, Fettsäuren und weiteren Mineralien versorgen. Das unverdauliche Fell, die Sehnen und Knochen wirken wie Ballaststoffe im Verdauungstrakt. Sollte der Kater heute keine Maus mehr erbeuten, stillt vielleicht ein Schmetterling oder eine Heuschrecke zumindest den »kleinen Hunger zwischendurch«. Noch ist es ja Sommer, in der kalten Jahreszeit dagegen sterben viele wild lebene Katzen an Nahrungsmangel.

Leckerlis aus der Hand stärken die Bindung. Doch Vorsicht, kleine Tiger haben sehr schnell raus, wie sie zu einer Menge der begehrten Extrahäppchen kommen.

WAS KATZEN SCHMECKEN

Ob der Katze ein Futter schmeckt, hängt von mehreren Faktoren ab. Einerseits natürlich vom Geschmack, aber auch dem Geruch, der Frische, der Form und der Temperatur des Futters.

Die Katzenzunge Sie ist mit verschieden geformten Papillen bedeckt (→ Foto, Seite 11). Und einige davon haben Geschmacksknospen, die gehäuft an der Zungenspitze, den Rändern und der Zungenbasis sitzen. Geschmackshärchen in den Geschmacksknospen prüfen die im Speichel aufgelösten Futterbestandteile und senden Informationen über spezialisierte Nerven an das Gehirn. Katzen können Saures, Bitteres und Salziges unterscheiden, haben aber anscheinend kein oder nur ein sehr geringes Geschmacksempfinden für Süßes. Das ist für einen typischen Fleischfresser wie die Katze nicht ungewöhnlich. Mieze hat nur etwa 400 Geschmacksknospen, wir Menschen bringen es immerhin auf durchschnittlich 9000, reine Pflanzenfresser, beispielsweise Pferde, gar auf 35.000.

Erstaunlicherweise können Katzen Qualitätsunterschiede bei Wasser schmecken und haben jeweils ganz verschiedene Trinkvorlieben. Die einen lassen ihren frisch gefüllten Wassernapf links liegen und sind offenbar der Meinung, das abgestandene Wasser aus dem Blumentopfuntersetzer habe Gourmetqualität. Die anderen stillen ihren Durst hin und wieder in der Kloschüssel – keine Angst, das schadet nicht. Manche Samtpfoten entwickeln Techniken, um den Wasserhahn zu öffnen und direkt von der Quelle zu trinken. Andere verschmähen Leitungswasser, vielleicht weil es zu viel Chlor enthält. Freigänger trinken gern aus Regenpfützen, dem Gartenteich oder einem Brunnen.

Essen riechen Geschmackssinn und Geruchssinn arbeiten bei der Beurteilung des Futters Hand in Hand. Beide geben Informationen an das Gehirn weiter. Vor allem der Fettgeruch des Fleisches zieht Katzen magisch an. Mithilfe ihres speziellen Geruchsorgans, des Jacobson'schen Organs (→ Seite 14), sind sie sogar in der Lage, den

Auch wenn Mieze sie eigentlich gar nicht braucht:
Leckerlis »versüßen« ihren Alltag
und motivieren die kleinen Tiger zu Höchstleistungen.

Duft, der in der Luft liegt, zu »schmecken«. Ist Mieze von einem Geruch besonders angetan, zieht sie die Oberlippe hoch und inhaliert mit leicht geöffnetem Mäulchen die Geruchsmoleküle. Dann drückt sie ihre Zunge gegen das Jacobson'sche Organ und hält den Atem an, während ihr Gehirn die chemische Zusammensetzung des Geruchs analysiert. Eine tolle Sache, die uns leider verschlossen bleibt.

WISSEN KATZEN, WAS SIE FRESSEN DÜRFEN?

Trotz ihres kritischen Geschmacks können Katzen leider nicht schmecken, ob etwas schädlich für sie ist. Obwohl Katzen vorsichtig sind, kommt es doch vor, dass sie sich vergiften.

- Besonders Jungtiere und reine Wohnungskatzen, die wenig Abwechslung haben, machen sich gern aus Neugierde oder Langeweile über Grünpflanzen im Zimmer oder auf dem Balkon her. Es werden sogar Blumen aus der Vase geangelt und angekaut. Beliebte Zimmerpflanzen wie etwa Alpenveilchen, Azalee, Hyazinthe, Tulpe oder Weihnachtsstern gehören nicht in einen Katzenhaushalt (→ Katzen im Internet, Seite 142).
- Für Mieze kann auch Schokolade gefährlich werden, denn diese enthält den Stoff Theobromin, der für Tiere giftig ist. Ein besonders hoher Anteil findet sich in Bitterschokolade.
- Vorsicht ist ebenfalls bei Tabak geboten. Schon eine kleine Menge getrockneter Tabakblätter (ein Zigarettenstummel oder ein wenig Kautabak) ist für die Samtpfote eine giftige Dosis. US-Forscher haben festgestellt, dass Passivrauchen auch Katzen schadet. Die kleinen Tiger atmen den Zigarettenrauch nicht nur ein, sondern lecken sich die giften Substanzen auch noch aus dem Fell.
- Gefährlich für Katzen sind außerdem: Mäuse- und Rattengifte, Schneckenkorn, Farben und Lacke, Haushaltsreiniger, Lösungs- und Frostschutzmittel, Benzin, Öl, Säuren, Medikamente (Aspirin) und Metalle (Blei, Quecksilber).

Wenn es passiert ist Folgende Symptome können auf eine Vergiftung Ihrer Katze deuten: Erbrechen, starkes Speicheln,

Papyrus, Katzengras und spezielle Malzpasten helfen dabei, verschluckte Haare leichter zu erbrechen.

Der verfressene Valentin tut alles für eine Extraportion Trockenfutter. Den Kopf ins Glas zu stecken, hat nicht funktioniert – dafür klappt das Angeln mit der Pfote.

Zittern, Atemnot, Apathie, Krämpfe, Bewusstseinsstörungen, Kollaps, bläulich verfärbte Schleimhäute, Fieber oder Untertemperatur.
Versuchen Sie keinesfalls selbst, Ihre Katze zum Erbrechen zu bringen. Hier ist der rasche Gang zum Tierarzt die einzig richtige Erste-Hilfe-Maßnahme. Wenn möglich, nehmen Sie eine Probe der gefressenen Substanz oder die Pflanze beziehungsweise den Beipackzettel des Giftstoffes mit in die Praxis, damit der Arzt eine gezielte Behandlung vornehmen kann.

SO SCHMECKT'S AM BESTEN

Mithilfe ihrer tierischen Futtertester haben Futterhersteller längst herausgefunden, welchen Geschmacksrichtungen die Katzengesellschaft den Vorzug gibt. Erhöht wird die Schmackhaftigkeit von Fertigfutter unter anderem durch den Zusatz von Fleischextrakten, tierischen Fetten und Aroma- bzw. Geschmacksstoffen. Ob Mieze das Futter mundet, hat also zunächst einmal noch nicht allzu viel mit der Qualität zu tun, sondern vor allem mit dem Geschmack (→ Seite 109).
Das mögen Katzen Fertignahrung in Stücken ist in Katzenkreisen beliebter als Brei oder als Futter in einem einzigen Klumpen. Samtpfoten lieben leicht angewärmtes Futter, denn dabei entfalten sich faszinierende Düfte für die Katze – auch eine Maus wird am liebsten noch körperwarm gefressen. Trockenfutter muss frisch und knackig sein, so, wie auch wir die Chips am liebsten knabbern. Interessanterweise haben Katzen offenbar eine Vorliebe für stern- und scheibenförmige Trockenfutterhäppchen. Warum das so ist, hat uns die Katzengesellschaft allerdings bisher noch nicht verraten.
Abwechslung von klein auf Katzenkinder kommen bereits ab der 6. Lebenswoche auf den Geschmack. Schon jetzt entscheidet sich, welches Futter sie

später besonders mögen und welches nicht. Futterdüfte werden ein Leben lang im Gehirn gespeichert. Gewöhnen Sie also schon die Kleinen an verschiedene Geschmacksrichtungen im Futternapf, damit sie letztendlich nicht zu »Nahrungsspezialisten« oder besonders mäkeligen Fressern werden.

DURCHBLICK IM FERTIGFUTTER-DSCHUNGEL

Völlig verunsichert steht so mancher vor dem Katzenfutter-Regal im Laden. Welches Futter soll man bloß kaufen? Was ist das Beste für die Katze, die gerade eingezogen ist? Das Angebot ist fast unüberschaubar. Wer soll da noch durchblicken? Man sollte sich zunächst einmal für ein Alleinfutter entscheiden und dann genau das Etikett auf der Dose oder Packung studieren. Hier ein paar Tipps, wie man Qualitätsfutter von minderwertigem Futter unterscheidet.

- Je detaillierter die Angaben auf dem Etikett der Futterdose oder Packung, desto durchschaubarer wird der Inhalt.
- Haupteiweißlieferant sollte Muskelfleisch, zum Beispiel von Huhn, Rind, Lamm oder Wild, sein. Ein hoher Anteil davon spricht für eine gute Qualität.
- Der pflanzliche Anteil beträgt nicht mehr als 10 % und besteht aus gut verdaulichem Getreide wie etwa Reis.
- Hochwertige Fette sind etwa Sonnenblumenöl oder Geflügelfette. Sie sollten ebenfalls ausgewiesen sein.
- Natürliche Konservierungsstoffe für Fertigfutter sind zum Beispiel Vitamin C und E.
- Bei Trockenfutter auf den Wortlaut der Angabe zur Fleischsorte achten. »Getrocknetes Huhn« oder »Hühnerfleischmehl« bedeutet: Das Fleisch wurde erst getrocknet, dann gewogen und der Futtermischung beigefügt. Diesen Prozentangaben können Sie vertrauen. Lesen Sie aber nur »Hühnerfleisch« mit einer hohen Prozentangabe, heißt das: Das Fleisch wurde vor dem Trocknen gewogen. Danach verringert sich das Fleischgewicht enorm. Der tatsächliche Fleischanteil ist also relativ gering.
- Je kleiner die empfohlene Futtermenge auf dem Etikett ist, desto höher ist die Qualität. Hochwertiges Premiumfutter lohnt sich: Mieze braucht weniger Futter, bleibt gesünder, und die Häufchen im Katzenklo sind kleiner.

Wer es sich mit Mieze nicht verderben will, sollte Fütterungszeiten tunlichst einhalten. Andernfalls können Stubentiger sehr nachtragend sein.

KATZEN UND DIE INNERE UHR

Jeden Tag bekommt Kasimir sein Frühstück um 7.30 Uhr. Nur sonntags will Karin ausschlafen. Erst um neun steht sie auf und füllt – meist noch ein wenig schlaftrunken – Kasimirs Futternapf. In Ordnung, damit hat sich der Kater schon lange arrangiert. Katzen haben zwar einen untrüglichen Zeitsinn, aber sie passen sich auch an. Doch heute treibt es Karin zu weit. Die Zeit ist längst überschritten, und Karin liegt immer noch im Bett. Den Grund dafür hat Kasimir schon entdeckt: Ein neuer Mann. Und für den soll er, Kasimir, jetzt hungern? So geht das nicht. Der Kater springt aufs Bett und trägt fordernd miauend sein Begehren vor: »Hunger, Hunger ...« Karin reagiert nicht. Gut, dann hilft nur noch eines: Kasimir beißt Karin kräftig in den großen Zeh. Und das wirkt. Mit einem Schlag sitzt Karin senkrecht im Bett, kratzt sich am Kopf und schaut schuldbewusst auf Kasimir. Beflissen eilt sie in die Küche und holt ihr Versäumnis nach. Kasimir ist vorerst zufrieden, obwohl er dem Mann in Karins Bett noch gar nichts abgewinnen kann. Kommt Zeit, kommt Rat, mal sehen, wie sich der Neue in ihre Gemeinschaft einfügt ...

Eiskalte Verführung. Dieser sommerlichen Erfrischung konnten die zwölf Wochen alten Kätzchen nicht widerstehen. Ein Genuss, wie die verzückten Gesichter der kleinen Miezen vermuten lassen.

Muss es immer pünktlich sein? Naturgemäß haben Katzen keine festen Futterzeiten, denn Mäuse & Co. stehen nicht gerade Schlange, um zu einer bestimmten Zeit geschlossen in den Katzenmagen zu wandern. Dementsprechend jagen Hauskatzen nicht nur in der Dämmerung und den frühen Morgenstunden, sondern den ganzen Tag über. Also wäre es für unsere Wohnungstiger eigentlich artgerecht, ihnen ihr Futter über den Tag verteilt in kleinen Portionen zuzuteilen. Doch das ist in der Praxis kaum möglich. Kein Problem, denn eine erwachsene Mieze kommt prima damit klar, wenn sie nur zweimal am Tag, am besten morgens und abends, ihr Mahl bekommt. Das sind die Highlights des Tages für Wohnungskatzen. Entsprechend genau nehmen sie es mit der Zeit und stehen – dank ihrer inneren Uhr – pünktlich am Futternapf. Wer also die Füttungszeiten seiner Katze permanent überschreitet, setzt die gute Beziehung zu ihr aufs Spiel.

MYLADY UND DIE PFUNDE

Die Katzendame Mylady, einst eine Katzenschönheit, liegt schwer atmend auf der Couch. Die vielen Pfunde machen der Wohnungskatze sichtlich zu schaffen. Früher sprang sie mit Leichtigkeit vom Stuhl auf das Regal. Heute fällt ihr jeder noch so kleine Sprung schwer. Beim Laufen schlabbert ihr Bauch hin und her, und über ihren Rippen hat sich eine stattliche Fettschicht gebildet. Von Taille keine Spur. Mylady muss abnehmen, denn ein paar Kilos zu viel erhöhen das Gesundheitsrisiko enorm. Diabetes, Nieren- und Leberleiden, Gelenk- und Herz-Kreislauf-Erkrankungen sind vorprogrammiert. Aber weshalb hat Mylady eigentlich Figurprobleme wie übrigens inzwischen ein Drittel aller Wohnungskatzen? Die Antwort ist simpel, denn den Tieren geht es nicht anders als uns: zu viele Kalorien und zu wenig Bewegung.

- Mylady ist eine Naschkatze. Niklas verwöhnt seinen Liebling mit Häppchen vom Tisch und unzähligen Leckerlis.
- Der Katze steht jederzeit Trockenfutter zur freien Verfügung.
- Mylady frisst oft aus Langeweile. Was soll sie auch den lieben langen Tag machen, wenn die Fensterbank und die Aussicht in den Garten die einzige Abwechslung bieten und keiner zum Spielen da ist.

Abnehmen ja – hungern nein. Das Erfolgsprogramm gegen zu viele Pfunde heißt auch bei Mieze: Diät und Bewegung. Nur hungern darf sie nicht, denn das schadet ihrem Organismus. Zunächst sollte jedoch der Tierarzt ausschließen, dass das Übergewicht krankheitsbedingt ist.

- Zwei Mahlzeiten pro Tag mit hochwertigem Fertigfutter versorgen eine erwachsene Katze optimal. Gern mögen viele Katzen eine Mischung aus Feucht- und Trockenfutter.
- Sperren Sie den unbegrenzten Zugang zu Trockenfutter. Gelangweilte Wohnungskatzen fressen mehr, als ihnen guttut.
- Belohnungshäppchen sind erlaubt, wenn Sie die Kalorien auf die Gesamtfuttermenge anrechnen. Extrahappen plus normale Futterration macht dick. Beliebte Häppchen sind zum Beispiel: Trockenfisch, ein Stückchen gekochte Putenbrust, etwas Vitaminpaste, ein Klecks Sahnequark, ein wenig Käse, gefriergetrocknete Shrimps, ein Käserolli.
- Gesunde Leckerlis erhöhen Miezes Lebensqualität, sorgen für ein schönes Fell und machen in Maßen überhaupt nicht dick – wie etwa ein- bis zweimal pro Woche ein Teelöffel Hüttenkäse oder Nachtkerzenöl, etwas Magerquark, Joghurt, ein kleines Stück Butter oder Margarine.
- Lassen Sie Ihren Liebling sein Futter erarbeiten. Zum Beispiel Trockenfutterhappen in Papier einwickeln und von Mieze auspacken lassen. Das beschäftigt, sorgt für Bewegung und kleine Erfolgserlebnisse.
- Legen Sie häufiger gemeinsame Spielrunden ein. Schwingen Sie beispielsweise die Katzenangel (→ Seite 94).
- Sorgen Sie für eine katzengerechte Wohnung (→ Seite 16).
- Auch ein Artgenosse kann Wunder wirken (→ Seite 43).

SCHON GEWUSST?

- Die Gefahr, Fett anzusetzen, ist bei einer Katze zwischen ihrem 3. und 7. Lebensjahr am größten.
- Mieze sollte nicht mehr als 1 bis 1,5 % ihres Körpergewichts pro Woche abnehmen, andernfalls kommt es – wie auch bei uns – zum »Jo-Jo-Effekt«. Der Körper schaltet bei einer dauerhaft verminderten Nahrungszufuhr auf Sparflamme. Wird später wieder mehr Nahrung zugeführt, setzt sich diese umso schneller als Fett an.
- Auch Diätfutter muss einen hohen Eiweißanteil haben, dafür aber einen reduzierten Kohlenhydrat- und Fettanteil. Light-Produkte entsprechen diesen Voraussetzungen meist nicht. Sprechen Sie mit dem Tierarzt.

VOLLWÄSCHE INKLUSIVE

Katzenwäsche heißt, sich mehrmals am Tag von Kopf bis Fuß zu pflegen. Der Reinlichkeitssinn der Samtpfoten ist vorbildlich. Drei bis vier Stunden täglich nehmen sie sich Zeit,um ihr Äußeres auf Hochglanz zu bringen.

PFLEGE IST LEBENSWICHTIG Bereits im Mutterleib trainieren die Katzenkinder ausgiebiges Putzverhalten. Die Kleinen lecken ihre Pfötchen, führen sie zum Gesicht und waschen sich. Der Sinn für penible Reinlichkeit ist also angeboren und muss nicht erst erlernt werden. Körperpflege wird bei Katzen aber nicht nur aus Hygienegründen groß-

geschrieben sondern ist unter anderem für erfolgreiche Jagdzüge unerlässlich. Ein starker Körpergeruch der Katze würde nämlich Beutetiere frühzeitig warnen und in die Flucht schlagen. Somit sorgt gründliche Pflege auch für einen vollen Magen.

EIN SPAZIERGANG IM SCHNEE

Über Nacht hat es heftig geschneit. Für die junge Maine-Coon-Kätzin eine wunderbare Überraschung. Sie liebt die kalte Pracht über alles. Schon am frühen Morgen macht sie sich auf zu einer ersten Schneewanderung, und dafür ist sie bestens gerüstet. Ihr dickes, dichtes Winterfell schützt sie vor der Kälte. In ihren mächtigen, buschigen Schwanz kann sie sich förmlich einwickeln. Die großen Ohren werden von Pinselhaaren gewärmt, und ihre großen Pfoten haben Haarbüschel zwischen den Zehen, damit sie im tiefen Schnee nicht so leicht einsinkt. Nach einer Stunde kehrt die Kätzin von ihrem ausgedehnten Schneespaziergang zurück ins Haus und widmet sich intensiv der Fellpflege, denn das Haarkleid muss immer top sein, wenn es seine schützende Funktion behalten soll. Beim Fellpflegeritual dient die Zunge als Multifunktionswerkzeug. Sie ist mit unzähligen winzigen, nach hinten gerichteten Häkchen ausgestattet und somit Waschlappen, Kamm, Bürste und Massagehandschuh in einem (→ Foto, Seite 11). Die Kätzin speichelt ihre linke Pfotenunterseite so lange ein, bis diese feucht genug ist. Dabei beknabbert und prüft sie auch die Krallen. Dann wäscht sie sich übers Gesicht, einschließlich Augen und Ohren. Nun wird die ganze Prozedur mit der rechten Pfote wiederholt. Danach beleckt sie Vorderbeine und Schultern. Es folgen die Flanken, der Genitalbereich, die Hinterbeine und ganz zum Schluss der Schwanz von der Basis bis zur Spitze. Ihre akrobatischen Einlagen während der Putzaktion sind bühnenreif und zeigen wieder einmal die wunderbare Elastizität des Katzenkörpers.

Perfekt für den Winter ausgestattet: Die Maine-Coon-Kätzin trägt einen dicken Winterpelz, der sie vor Kälte und Nässe schützt.

TIPPTOPP IN FORM

Warum haben Katzen eigentlich so einen ausgeprägten Putzfimmel? Allein mit Sauberkeit und Hygiene lässt sich diese Frage nicht beantworten. Die penible Pflege hat mehrere Gründe.

- Das Fell wird von Staub und Schmutz befreit und anschließend geglättet. Dabei benagt Mieze ihren Pelz rigoros, reißt sich sogar kleine Haarbüschel aus, um Knötchen und Verfilzungen zu entfernen, die die Funktion des Fellkleides beeinträchtigen könnten.
- Die Talgdrüsen der Haut produzieren Fett, das beim Putzen mit der Zunge über das gesamte Fell verteilt wird. Dadurch perlt Regen am Haarkleid ab, ohne dass die Haut nass wird.
- Fährt die raue Zunge beim Putzen über Fell und Haut, kommt das einer Massage gleich, die für eine gesteigerte Funktion der Hautdrüsen sorgt.
- Katzen besitzen Schweißdrüsen zwischen den Sohlenballen, an den Lippen, im Kinnwinkel und am After. Bei großer Hitze wird das Fell darüber hinaus immer wieder kräftig eingespeichelt. Die verdunstende Feuchtigkeit transportiert Wärme ab und schützt den Körper so vor Überhitzung. Beim

Lecken scheitelt die Katze außerdem ihr Fell mit der Zunge, sodass zusätzlich Luft an die Haut kommt.

- Nach der Fellwäsche mit Speichel riecht die Katze leicht säuerlich. Halten Sie einmal Ihre Nase dicht ans Fell Ihres Lieblings. Ansonsten sind Katzen geruchsfrei.
- Sich ausgiebig zu putzen hat für die Katze auch einen beruhigenden Effekt. Und es sieht so aus, als würde es auch die anderen Katzen, die dabei zusehen, beruhigen. Wer mit seiner Körperpflege beschäftigt ist, hat keinen Angriff im Sinn.
- Eine soziale Funktion hat das gegenseitige Putzen befreundeter Katzen. Dabei wird bevorzugt die Stelle hinter dem Kopf des Artgenossen beleckt, an die er selbst nicht herankommt.
- Durch Putzlecken soll ein dominantes Tier beschwichtigt werden. Die Aktion geht vom Unterlegenen aus und wird nicht erwidert.
- Plötzliche Putzaktionen können auch dann einsetzen, wenn sich die Katze in einer bestimmten Situation nicht entscheiden kann, zum Beispiel zwischen Flucht und Angriff. Das sogenannte Übersprungverhalten zeigt sich vor allem in den Konfliktlagen der Katze, ähnlich wie bei uns, wenn wir nicht wissen, wie wir uns verhalten sollen, und uns erst mal nachdenklich am Kopf kratzen.
- Last, not least baut die Katze während ihrer ausgiebigen Vollwäsche Spannungen ab, wie etwa nach der aufregenden Jagd oder dem ausgelassenen Spiel.

SCHON GEWUSST?

- Das Krallenschärfen hat nicht allein den Sinn, die Krallen zu reinigen und abgestorbene Hornteile zu entfernen. Durch das Wetzen der Krallen verteilen Samtpfoten auch duftende Botschaften. Zwischen den Sohlenballen sitzen nämlich Duftdrüsen, die beim Kratzen Nachrichten an Artgenossen übermitteln, wie etwa: »Ich war schon vor dir hier, also habe ich als Erste ein Anrecht auf diesen Platz.«
- Der erlaubte Kratzplatz sollte nicht aus ähnlichen Materialien bestehen wie etwa der Sisal-Wohnzimmerteppich oder die mit grobem, juteähnlichem Stoff bespannte Sitzecke. Denn wenn die Katze einmal auf einen Untergrund geprägt ist, kann sie nicht mehr unterscheiden, ob das Kratzen nun hier gestattet oder streng verboten ist.

Schönheitspflege in entspannter Atmosphäre: **Sprechen Sie leise und beruhigend** mit Ihrer Katze, während Sie sie kämmen und bürsten.

DIE KRALLEN – WICHTIGE WERKZEUGE

Katzen haben nadelspitze Hornkrallen, die bei Bedarf ausgefahren werden können. Ansonsten liegen sie fast unsichtbar in den Scheiden der Pfoten verborgen. So werden die Krallen geschont, und die Katze kann sich fast lautlos bewegen. Beim Beutefang und um sich zu verteidigen, setzt Mieze blitzschnell die Krallen ein. Aber auch zum Klettern, beim Tasten, Angeln und bei der Fellpflege sind die Krallen unverzichtbar. Kein Wunder also, dass dieses vielseitige Werkzeug täglicher Pflege bedarf. Bei der Körperpflege beknabbert Mieze ihre Krallen ausgiebig. Dabei werden alte Hornschichten entfernt. Und selbstverständlich müssen die Krallen täglich geschärft werden. Freigängerkatzen tun das zum Beispiel an Bäumen oder anderen geeigneten Stellen. Katzen in der Wohnung brauchen unbedingt neben einem Kratzbaum (→ Seite 18) am besten auch noch verschiedene Kratzbretter oder andere Kratzmöglichkeiten, wenn nicht Möbel, Tapeten oder Teppich bearbeitet werden sollen.

1 Wild lebende Katze auf Zypern. Sie hat ein Loch in den Sand am Strand gebuddelt, um hier ihr Geschäft zu verrichten.

2 Sorgfältig wird das Loch zugescharrt. Löseplätze liegen bei wild lebenden Katzen immer fernab ihrer Lager- und Fressplätze.

LANGES FELL WILL GEPFLEGT SEIN

Billy ist ein pechschwarzer Perserkater mit wunderschönen bernsteinfarbenen Augen. Früher nahm Maja seine Fellpflege sehr ernst. Er wurde mindestens einmal täglich gekämmt und gebürstet. Doch seit das Baby da ist, hat Maja keine Zeit mehr für solch ein ausgiebiges Katzen-Pflegeprogramm. Es kam, wie es kommen musste: Billys Fell verfilzte zusehends. Zunächst unter den Achseln, am Bauch und in der Leistengegend – Körperregionen, an denen Katzen besonders empfindlich sind und sich grundsätzlich nicht sehr gern kämmen lassen. Dann geriet Billy auf dem Balkon in einen Regenguss. Durch die Nässe verklebte sein Fell zu einem undurchdringlichen Filzpanzer, der den Kater bei jedem Schritt schmerzhaft an der Haut ziepte. Hier konnte nur noch der Tierarzt helfen. Für ihn war Billy kein Einzelfall, denn die feine Unterwolle des Perserkatzenfells verfilzt besonders schnell, wenn sie nicht regelmäßig gekämmt wird. Der Tierarzt rasierte den Haarpanzer vom Körper des narkotisierten Billy, damit die Haut wieder richtig atmen konnte und Parasiten kein Eldorado mehr fanden. Nur der Kopf, der Schwanz und die Pfoten blieben von der Rasur verschont. Zugegeben, Billys Anblick ist etwas gewöhnungsbedürftig, doch der Kater fühlt sich jetzt wohl, und in ein paar Wochen ist das Fell wieder nachgewachsen.

Richtig kämmen und bürsten Die meisten Halblanghaar- und Langhaarkatzen können aber ihre Haarpracht nicht selbst in Schuss halten, sondern brauchen unsere Unterstützung. Viele Katzen genießen es, wenn ihr Mensch sie vorsichtig kämmt und bürstet, kommt das doch einer sanften Massage gleich.

Gewöhnen Sie Ihren Stubentiger am besten schon von klein auf an Pflegerituale. Kämmen Sie immer in Wuchsrichtung des Fells. Beginnen Sie am Kopf des Tieres, und dann folgen der Rücken, die Flanken, der Schwanz, die Beine sowie zum Schluss die empfindliche Bauchunterseite. Setzen Sie Kamm beziehungsweise Bürste und Ihre streichelnde Hand dabei abwechselnd ein.

Übrigens nehmen auch Kurzhaarkatzen ein- bis zweimal in der Woche gern diese Pflegehilfe an, selbst wenn sie eigentlich keine Unterstützung brauchen. Streichen Sie am Ende mit angefeuchteten Händen über das Fell, um lose Haare zu entfernen. Fertig!

Malzpaste und Katzengras Katzen mit langem Fell verschlucken beim Putzen eine Menge Haare, die sich im Magen zu Haarballen (Bezoaren) zusammenklumpen können. Zwar erbricht das Tier sie meist wieder, doch die Haarballen können auch schuld an einer Verstopfung sein. Vorbeugend hilft eine spezielle Katzen-Malzpaste, auf die manche Minitiger ganz verrückt sind. Aber auch das gute alte Katzengras hilft dem Tier, leichter zu erbrechen.

Katzenfriseur Katzen wechseln im Frühjahr und Herbst ihr Fell, um es der Jahreszeit anzupassen. Im Sommer wird es dünner, im Winter dicker. Langhaarkatzen tragen aber dennoch auch im Sommer einen ziemlich dichten Pelzmantel mit sich herum. Wie wäre es mit einer schicken Kurzhaarfrisur für die heißen Tage? Immer mehr Hundesalons zählen inzwischen auch Katzen zu ihren »Kunden«, die sich bereitwillig das Fell kürzen lassen. So viel steht jedenfalls fest: Die Kurzhaarfrisur macht langhaarige Fellträger aktiver, sie leiden weniger unter der Hitze, und das Fell wird pflegeleichter. Bis zum Herbst ist die alte Haarpracht schließlich längst wieder nachgewachsen.

Baden Das ist für Katzen unnatürlich, und ihr Fell wird dadurch auch nicht schöner. Lediglich bei Parasitenbefall, bestimmten Haut- und Fellkrankheiten oder beispielsweise Kontakt mit Giftstoffen ist ein Bad – nach Absprache mit dem Tierarzt – sinnvoll.

Von Arthrose keine Spur. Der Katzenkörper ist so gelenkig, dass auch die Wäsche an heiklen Stellen kein Problem für die Samtpfote ist.

Ein Platz auf der Sonnenbank. Vermutlich versorgt sich Mieze durch das Lecken des Fells in der Sonne auch mit Vitamin D, das sich unter dem Einfluss ultravioletter Strahlung in der Haut bildet.

ZÄHNEPUTZEN NICHT VERGESSEN!

Sie hatten selbst schon einmal eine Zahnfleischentzündung? Dann wissen Sie, wie schmerzhaft das ist. Auch Katzen bleiben nicht davon verschont. Wie bei uns entstehen zunächst Zahnbeläge, die massenhaft Bakterien enthalten. Dann bildet sich Zahnstein, und schließlich kann sich eine Zahnfleischentzündung daraus entwickeln. Das Zahnfleisch ist verdickt, gerötet und blutet bei kleinsten Berührungen leicht. Mieze hat Mundgeruch, schiebt ihre Futterbrocken im Mund herum und lässt schon nach kurzer Zeit den noch fast vollen Futternapf stehen. Regelmäßig Zähne putzen beugt vor. Besorgen Sie im Zoofachhandel eine Katzenzahnbürste und Katzenzahnpaste (unsere Zahnpasten sind für Katzen giftig!). Lassen Sie sich die richtigen Handgriffe vom Tierarzt zeigen. Übrigens gelten auch Kautabletten, diverse Snacks und rohe Fleischstückchen (Rind, Lamm) als geeignete Vorbeugemaßnahmen.

DIE TOILETTENFRAGE Schon sehr früh benutzte ich, dank Mama, das Katzenklo. Ich war bereits stubenrein, als ich in mein neues Zuhause kam. Dort stand meine Toilette anfangs im Flur, was mir gar nicht passte. An diesem »stillen Örtchen« herrschte immer Durchgangsverkehr. Doch auch Katzen möchten ihren Geschäften ungestört nachgehen.

Der Schock Seit zwei Tagen war ich der Mittelpunkt in meiner neuen Familie. Inzwischen hatte ich schon alles genau erkundet. Ich wusste, wo mein Fressplatz war, fand mein Schlafkörbchen und auch das Katzenklo im Flur. Das Klo hatte ich bereits mehrere Male benutzt, aber richtig wohl fühlte ich mich bei meinen Toilettengängen nicht. Ständig trampelten die Kinder an mir vorbei, dann kam Vanessa vom Einkaufen nach Hause oder Bastian von der Arbeit. Hier war es mir einfach zu unruhig. Und dann passierte Folgendes: Ich saß gerade auf der Toilette, als direkt über mir lautes Glockengeläut ertönte. Jemand hatte auf die Hausklingel gedrückt. Ein gewaltiger Schreck durchzuckte mich. Fluchtartig suchte ich das Weite, und eines war in dem Moment für mich klar: Dieses Katzenklo sieht mich nie wieder.

TAMINO

Der Kater (3 Monate) fühlt sich bei Vanessa, Bastian und den Kindern inzwischen sehr wohl. Aber anfangs gab es Probleme. Tamino war nicht stubenrein. Überall hinterließ er Pfützen und stinkende Häufchen.

Zoff im Haus Doch wo sollte ich jetzt meine Geschäfte verrichten? Zunächst pinkelte ich in einer dunklen Ecke auf den Teppich. Mit den großen Geschäften war das so eine Sache. Einmal legte ich mein Häufchen in die Badewanne, dann lieber unauffällig unter den Sessel. Doch Vanessa spürte alle meine Toilettenplätze auf. In ihren Augen war ich ein kleines Schwein (obwohl die sauber sind) und kein niedlicher Kater.

Ursachenforschung Immerhin hatte ich Glück mit meinen Menschen. Sie fanden mithilfe anderer Katzenhalter schnell heraus, was mir fehlte. Ein stilles Örtchen eben. Und so stellte Bastian mein Katzenklo ins Bad. Von da an gab's keine Toiletten-Probleme mehr. Im Laufe der Zeit begegnete ich vielen Katzen, und von nicht wenigen hörte ich, was in Sachen Klo bei ihnen daheim so alles (schief) lief. Die Toilette der einen stand an einer Glastür, wo ihr von außen der Nachbarshund beim Pieseln zusah. Carlos Klo befand sich neben dem Fressnapf – pfui! Die andere verabscheute den penetranten Geruch des Gummiteppichs im Bad. Susi mochte keine Haubentoilette, weil es darin immer so stank. Mietzi passte die neue Einstreu nicht. Hannes ärgerte sich, dass seine Toilette oft schmutzig war. Und Sam hatte ein Blasenleiden.

MAMA IST DIE BESTE

Katzenmütter kümmern sich rührend um ihren Nachwuchs. Unermüdlich säugen, putzen und wärmen sie ihre Kinder. Später gehen die Kleinen bei Mama in die Schule und lernen alles fürs Leben.

MUTTERGLÜCK UND KATZENLEID Eine Katze kann drei- bis viermal im Jahr jeweils vier bis acht Junge bekommen. Doch der Nachwuchs wild lebender Katzen hat es nicht leicht. Das Futter ist knapp, und Krankheiten sind weit verbreitet. Wenn Sie sich Katzenkinder wünschen, tragen Sie die Verantwortung für die Kleinen. Dazu

gehört natürlich vor allem, dem Katzennachwuchs auch ein lebenswertes Dasein zu ermöglichen. Es ist nicht immer leicht, junge Katzen in gute Hände zu vermitteln. Überfüllte Tierheime sind der Beweis dafür. Daran sollten Sie denken, bevor Ihre Samtpfote Mutterfreuden entgegensieht.

LIEBESLEBEN AUF DEM LAND

Die Bauernhofkatze ist rollig. Das hat sich in Windeseile unter den unkastrierten Katern der Umgebung herumgesprochen. Wenn die Liebe ruft, dann gibt's kein Halten mehr. Selbst der brave Wohnungskater ist in dieser Nacht ausgebüxt und hat nur noch eines im Kopf: Liebe machen. Einige Rivalen haben sich bereits auf dem Bauernhof versammelt. Normalerweise geht man sich sonst aus dem Weg, doch bei der Werbung um die Gunst einer Kätzin sind alle Regeln außer Kraft gesetzt. Die liebestollen Kater prügeln sich, was das Zeug hält. Einer verbeißt sich in die Nackenhaare des anderen, reißt den Nebenbuhler zu Boden und bearbeitet ihn zusätzlich mit den Krallen der Hinterpfoten. Fellbüschel fliegen durch die Luft, und so manch einer trägt tiefe Kratz- und Bisswunden davon. Wer nicht gerade mit dem Rivalen zugange ist, setzt sich mit Drohgesängen in Szene – einem auf- und abschwellendem Heulen, das von tief grollendem Knurren unterbrochen wird. Die rollige Kätzin hingegen sieht dem Imponiergehabe ihrer Freier gelassen zu, gibt sich zunächst unbeteiligt. Solange sie nicht eindeutig ihre Paarungsbereitschaft signalisiert, halten die Kater gebührenden Abstand. Die Kätzin entscheidet selbst über die Wahl ihres Partners, bevorzugt aber heute nicht den stärksten oder schönsten Kater der Schöpfung, sondern lieber den dürren, struppigen Streuner, der erst vor Kurzem in der Gegend aufgetaucht ist. Mit Lockrufen fordert sie ihren Auserwählten auf, näherzukommen. Er nimmt das Angebot an, wird aber zunächst mit

Selbstbewusst spaziert das Kleine durch die Welt. Seine positiven Erfahrungen mit Menschen und Mitkatzen haben es bereits geprägt.

Fauchen und Pfotenhieben abgewehrt. Dieses Spielchen wiederholt sich mehrmals, bevor die Katze den Kater erhört. Sie duckt sich nach vorne ab und präsentiert mit zur Seite weggestrecktem Schwanz ihr Hinterteil. Endlich bekommt der Freier seinen Lohn für die Prügel, die er einstecken musste, und für seine Beharrlichkeit. Er besteigt seine Angebetete, beißt ihr ins Nackenfell und dringt in sie ein. Der Paarungsakt dauert nur wenige Sekunden. Die Kätzin stößt einen lauten Schrei aus, dreht sich nach dem Kater um und versucht ihm einen Pfotenhieb zu verpassen. Doch der Bräutigam ist schneller. Aus sicherer Entfernung beobachtet er die Kätzin, die sich nun minutenlang auf dem Boden wälzt. Danach vereinigen sich die beiden erneut und in der Folge weitere Male. Die Bauernhofkatze akzeptiert in dieser Nacht auch noch andere Kater als Geschlechtspartner. Und so kommt es, dass sie nach gut zwei Monaten Schwangerschaft einen Wurf mit sechs Jungen zur Welt bringt, die verschiedene Väter haben und sich sowohl in ihrer Fellfarbe als auch in ihrer Fellstruktur deutlich voneinander unterscheiden.

1 Die Kätzin überprüft die Analregion des Katers. Kennt man sich? Mag man sich? Das ist im Moment noch nicht so ganz klar.

VON MUTTERFREUDEN UND MAMAPFLICHTEN

Die Geburt der Katzenkinder steht bevor. In dieser schweren Stunde möchte Serafina nicht allein sein. Nora, ihr geliebter Mensch, soll ihr beistehen. Energisch miauend fordert Serafina Nora auf, ihr zu ihrem Wurflager, einer weich mit Decken und Laken ausgepolsterten Kiste mit niedrigem Einstieg, zu folgen. Nora setzt sich in einen Sessel und spricht leise und beruhigend auf die Kätzin ein. Und schon geht es los. Unter heftigen Presswehen und einem durchdringenden Schrei der Kätzin erscheint ihr erstes Baby – ein kräftiges Katerchen. Mit den Zähnen öffnet sie die Fruchthülle und leckt ihr Junges, um es zu trocknen, seine Atmung anzuregen und den Kreislauf in Schwung zu bringen. Dann durchbeißt sie die Nabelschnur und frisst die Nachgeburt, die Plazenta.

2 Der Kater ist nicht uninteressiert an der Katzendame. Doch die maunzt ihn an, weil sie keine Annäherung wünscht.

3 Aber der Kater will nicht kapitulieren. Darüber ist die Kätzin ungehalten. Wenn er nicht Land gewinnt, gibt's einen Pfotenhieb.

Im Abstand von 15 bis 30 Minuten folgen fünf weitere Kleine, drei Mädchen und noch zwei kleine Kater. Zwischendurch streichelt Nora die tapfere Katzenmama ausgiebig. Und dann ist es vollbracht. Serafina säubert sich, legt sich auf die Seite und lässt ihre Kleinen – unter lautem Schnurren – trinken. Für die etwa 100 Gramm leichten Winzlinge beginnt der Ernst des Lebens gleich nach ihrer Geburt: mit der Eroberung einer von Mamas acht Zitzen. Die begehrtesten liegen im hinteren Bereich, denn hier fließt Milch satt. Zielstrebig robben sich die Kleinen zu Mamas Tankstelle. Dabei hilft ihnen ihr Geruchssinn, denn Mamas Milchquelle und der typische Nestgeruch stechen bereits ins Näschen. Und noch ein Sicherheitssystem ist den Katzenkindern angeboren: Ihr Kopf sorgt für die Verbindung zwischen Mama und Geschwistern.

SCHON GEWUSST?

- Die Katzengeburt kann sehr schnell gehen. Dann werden die Kätzchen nacheinander im Abstand von 15 bis 20 Minuten geboren. Es können aber auch mehrere Stunden zwischen den einzelnen Geburten liegen.
- Normalerweise kommen die Kätzchen mit dem Kopf voran zur Welt. Doch etwa ein Drittel aller Jungen »begrüßt« die Welt zuerst mit dem Hinterteil.
- Die Vaterrolle darf ein Kater meist übernehmen, wenn Kater und Kätzin zusammenleben. Muss die Mutter einmal das Wurflager verlassen, kümmert er sich um den Nachwuchs. Fremde Kater dagegen werden in die Flucht geschlagen, wenn sie dem Nachwuchs zu nahe kommen.

Frei lebende Katze auf Zypern. Die Kastration verhindert, dass die Katzengesellschaft wächst und wächst. Katzenleid kann so in Grenzen gehalten werden.

Ist nämlich der Kontakt unterbrochen, pendelt ein Katzenbaby so lange mit dem Kopf hin und her, bis es irgendwo anstößt – und das ist zum Glück meist Mutter, Bruder oder Schwester. Serafina verlässt das Wurflager in den ersten Tagen lediglich, um zur Toilette zu gehen, die jetzt im Geburtszimmer steht, und um abends einen leckeren Happen zu sich zu nehmen. Wenn Mama weg ist, dann kuscheln die Geschwister in einem Knäuel zusammen. Am beliebtesten sind die unteren Plätze, denn hier ist es am wärmsten.

Ansonsten ist Serafina Tag und Nacht für ihre Kleinen da. Alle nasenlang wollen die Babys trinken – bereits am Ende der ersten Lebenswoche haben sie ihr Gewicht verdoppelt. Mama massiert anschließend das Bäuchlein und den Genitalbereich mit der Zunge, um die Verdauung der Babys anzuregen. Sie nimmt die Ausscheidungen der Kleinen auf, wärmt ihre Kinder und ist stets parat, wenn ein Vorwitziges ins Abseits geraten ist und kläglich nach Mama fiept (→ Thermoregulation, Seite 135).

Täglich Fortschritte In den ersten Tagen sind die Katzenbays noch blind und taub, können aber bereits gut riechen, tasten, sich rudernd fortbewegen und schnurren (→ Seite 64). Nora macht in dieser Zeit eine besondere Erfahrung. Als sie ein Katzenbaby streicheln will, zuckt es vor ihren Händen zurück, faucht und spuckt. Was ist los? Sie hat sich doch sorgsam die Hände gewaschen. Und dann fällt ihr ein, dass sie Fisch zubereitet hat. Wahrscheinlich riechen ihre Hände immer noch danach. Das Katzenbaby empfindet den unbekannten Geruch anscheinend als bedrohlich. Zwischen dem siebten und zwölften Lebenstag kommt endlich Licht in die dunkle Welt der Babys – die vorerst blassblauen Augen öffnen sich, doch die Sehkraft ist noch eingeschränkt. Auch das Gehör entwickelt sich. Vielerlei Geräusche durchdringen nun die bis dahin stille Welt der Katzenkinder. Ab dem zwölften Lebenstag brechen die ersten Zähnchen durch, aber erst mit sechs bis acht Wochen ist das Milchgebiss komplett. Die ersten tapsigen Gehversuche fallen am Ende der zweiten Lebenswoche noch recht wackelig aus. Nur mithilfe des steil aufgerichteten Schwänzchens gelingt es, einigermaßen Balance zu halten. Erst mit drei bis vier Wochen haben die Kätzchen richtig laufen gelernt, doch wie die »Großen« können sie sich erst mit etwa sechs Wochen bewegen. Mit vier bis fünf Wochen sind ihre Sinne voll ausgeprägt. Jetzt kann Mama ihre Rasselbande kaum noch bändigen. Die Katzenkinder entdecken die Welt, üben spielerisch alles, was sie im Katzenleben brauchen: Rennen, Klettern, Balancieren, Springen, Kämpfen, Beute jagen und fangen. Auch das Katzenvokabular wird fleißig studiert: Fauchen, Buckel machen, Analkontrolle, Begrüßung von Nase zu Nase. Mama ist die beste Lehrerin, aber auch streng. Wer's zu bunt treibt, muss mit einem Pfotenhieb rechnen. Mit 12 bis 16 Wochen sind die Kätzchen schließlich für ein eigenständiges Leben gerüstet.

Menschen- und Katzenkinder durchleben die **gleichen Entwicklungsphasen:** vom Baby über Kleinkind, Schulkind zum Teenie.

NACHGEFRAGT

Ist die Kastration sinnvoll?

Dr. med. vet. Heidi Kübler ist Vorsitzende der Gesellschaft für Ganzheitliche Tiermedizin e. V. (GGTM). Neben ihrer Praxistätigkeit hält sie auch Vorträge über Naturheilverfahren bei Tieren.

Sollte eine Kätzin wenigstens einmal Junge bekommen, bevor sie kastriert wird?
Nein. Das ist ein weitverbreiteter Irrglaube. Häufig werden die Katzen sehr jung trächtig, bevor ihr Körper voll ausgewachsen und entwickelt ist. Sie können dann bis zu viermal im Jahr Junge bekommen. Trächtigkeit und Welpenaufzucht sind für Katzenmütter äußerst kräftezehrend. Außerdem ist es fast unmöglich, mit unkastrierten Tieren zusammenzuleben. Kater zeigen ihre Potenz durch einen extrem unangenehm stechend riechenden Urin an, den sie – auch in der Wohnung – spritzen. Rollige Kätzinnen ohne Kontakt zu einem Kater gebärden sich häufig wie wild, wälzen sich auf dem Boden und schreien nächtelang ausdauernd und laut nach einem Kater.

Ist der Eingriff gefährlich?
Nein. Die Tiere erhalten eine Vollnarkose. Dem Kater werden die Hoden, der Kätzin die Eierstöcke entfernt. Ein rechtzeitig kastrierter Kater markiert meist nicht mehr. Eine kastrierte Kätzin wird weder rollig noch trächtig oder scheinträchtig. Auch Gebärmuttererkrankungen kann sie nicht mehr bekommen.

Verändert die Kastration das Wesen des Tieres?
Durch den Eingriff kommt es zu hormonellen Veränderungen. Meist werden die Tiere etwas ruhiger und häuslicher. Kastraten brauchen deshalb etwa ein Drittel weniger Kalorien.

In welchem Alter sollte eine Katze kastriert werden?
Am besten vor Beginn der Geschlechtsreife. Bei der Kätzin tritt sie ab dem 6. Lebensmonat ein, beim Kater meist zwischen dem 8. und 10. Lebensmonat.

BALANCIEREN LEICHT GEMACHT

Aller Anfang ist schwer Bernie und Pepina sind knapp vier Monate alt. Heute sollen sie lernen, mit Mama auf einem Baumstamm über den Bach zu balancieren. Die Kätzin läuft vor, um ihre Kinder zum Nachahmen zu bewegen. Aber Bernie ist unkonzentriert, oder hat er vielleicht

Angst? Schließlich läuft Bernie doch als Erster Mama hinterher. Aber Balancieren will gelernt sein. Junge Katzen werden erst mit vier bis fünf Monaten zu kleinen Balancier-Künstlern. Dann ist ihr Knochenbau stark genug, und ihre Bewegungen sind sicher. Die ersten Balancier-Versuche junger Katzen enden meist mit einem befreienden Sprung zurück zum Boden. Und genau das tut jetzt auch Bernie. Nur landet er nicht auf trockenem Terrain, sondern im eiskalten Wasser des Bachs. Bernie ist geschockt – er hasst nichts mehr als nasse Pfoten und ein nasses Fell. Kläglich miauend schaut er hilfesuchend zu Mama hoch.

Mut wird belohnt Doch Mama ist im Moment noch beschäftigt. Inzwischen ist nämlich auch die kleine Pepina mutig über den Baumstamm zu ihrer Mutter balanciert. Dafür gibt's jetzt mütterliche Streicheleinheiten per Zunge. Ganz nebenbei bringt die Katzenmutter so auch noch das Fell ihres kleinen Wildfangs Pepina in Ordnung. Der kleine Kater watet unterdessen an Land und hat nur noch eines im Sinn: Trost von Mama.

GLOSSAR

ABSTAMMUNG

Die Hauskatze stammt von der Nubischen Falbkatze ab. Diese schlanke und zierliche afrikanische Wildkatze unterscheidet sich in Körperbau, Gewicht, Fellfarbe und -struktur nur wenig von einer kurzhaarigen Hauskatze. Falbkatzen verhalten sich dem Menschen gegenüber recht zutraulich und lassen sich daher auch leicht zähmen.

ANALGESICHT

Als Analgesicht bezeichnet man die Analregion der Katze. Die um die Afteröffnung sitzenden Analdrüsen geben einen ganz persönlichen Duft ab, der viel über den Charakter und die Stimmung der Katze verrät. Gegenseitiges Beschnuppern des Analgesichts ist Teil des Begrüßungsrituals (→ unten) der Katzen.

BEGRÜSSUNGSVERHALTEN

Bei einer Begegnung begrüßen sich Katzen Nase an Nase. Dabei nehmen sie neben dem Geruch ihres Gegenübers über die Bart- und Tasthaare auch taktile Informationen auf. Noch mehr Aufschluss über die Persönlichkeit und Gefühlslage des Artgenossen liefert das anschließende Beschnuppern des Analgesichts (→ oben).

DOMESTIKATION

Die Katze hat offensichtlich schon vor 9500 Jahren und aus freien Stücken die Nähe des Menschen gesucht. Untergeordnet hat sie sich ihm aber auch nach dieser langen Zeit nicht. Katzen sind von Natur aus Einzelgänger, alle anderen Haustiere wie Hund, Rind, Ziege oder Pferd leben in Rudeln oder Herden, was ihre Domestikation (Haustierwerdung) erleichterte.

ENTSPANNUNGSSPIEL

Die Katze ist eine geschickte und umsichtige Jägerin. Doch während der Jagd und beim Kampf mit der Beute steht sie unter großer Anspannung, besonders dann, wenn sie es mit wehrhaften Beutetieren wie Ratten zu tun hat. Nach erfolgreichen Beutezügen machen sich Angst und aufgestaute Erregung im sogenannten Entspannungs- oder Erleichterungsspiel Luft, bei dem die Jägerin in wilden Sprüngen um ihre Beute tanzt. Mit zum Teil unliebsamen Folgen: Manche Maus nutzt die Unachtsamkeit der Katze und bringt sich in Sicherheit.

FARBENSEHEN

Katzen gehen vorzugsweise in der Dämmerung auf die Pirsch, wenn die Farben verblassen und sich nur noch verschiedene Grautöne erkennen lassen. Lange Zeit ging man davon aus, dass Katzenaugen überhaupt nicht farbtüchtig sind. Inzwischen ist belegt, dass Katzen die Grundfarben unterscheiden können, zum Teil wahrscheinlich an ihren unterschiedlichen Grauwerten.

FLEHMEN

Flehmende Katzen zeigen eine typische Mimik: Der Mund steht offen, die Nase wird gerümpft, die Oberlippe hochgezogen, der Blick geht ins Leere. Beim Flehmen werden Geruchsstoffe zu einem chemischen Organ im Gaumendach, dem Jacobson'schen Organ, transportiert und hier auf ihre Bestandteile geprüft.

HÖRVERMÖGEN

Katzen nehmen Töne über ein sehr breites Frequenzband wahr. Besonders ausgeprägt ist ihr Hörvermögen im Ultraschallbereich. Mit solchen hohen Tönen verständigen sich zum Beispiel Kleinnager. Selbst leises Mäusefiepen entgeht einer Katze daher nicht, selbst dann nicht, wenn sie schläft. Andererseits haben Katzen die Fähigkeit, laute und unangenehme Geräusche auszuschalten, und können sogar in lärmender Umgebung Siesta halten.

GLEICHGEWICHTSSINN

Der Gleichgewichtssinn sitzt im Innenohr. Bei Katzen ist er besonders gut ausgeprägt und garantiert eine fast perfekte Körperbeherrschung. Bei Stürzen sorgt ein Stellreflex im freien Fall dafür, dass sich die Katze dreht und mit den Füßen voraus landet. Bei niedrigen Fallhöhen bleibt ihr allerdings oft nicht genug Zeit, um die Luftrolle vollständig auszuführen. Bei Jungtieren ist der Reflex noch unvollkommen.

IMPONIEREN

Um Kontrahenten und Gegnern zu imponieren, haben Katzen viele Möglichkeiten: Katzenbuckel, Krallenwetzen, Fellsträuben, Fauchen, Grollen und Spucken. Meist lässt sich so ein Streit vermeiden.

INNERE UHR

Katzen haben ihre Uhr im Kopf. Die »innere Uhr« steuert Verhaltensweisen, Stoffwechselprozesse und andere physiologische Abläufe in einem Rhythmus von ca. 24 Stunden. Sie lässt sich für alle Pflanzen, Tiere und auch den Menschen nachweisen.

KASTRATION

Bei einer Kastration entfernt der Tierarzt die Eierstöcke, zum Teil auch die Gebärmutter der Katze bzw. die Hoden des Katers. Eine kastrierte Katze wird nicht mehr rollig und trächtig. Die Kastration schützt vor Scheinschwangerschaft und Gebärmutterentzündungen. Kastrierte Kater markieren meist seltener und neigen weniger zum Streunen. Häufig zeigt sich eine Katze nach dem Eingriff häuslicher, anhänglicher und verschmuster.

KRALLENWETZEN

Die Krallen der Katze sind Multifunktionswerkzeuge. Sie sind im Kampf, beim Beutefang und Klettern unverzichtbar, darüber hinaus auch bei der Körperpflege. Durch Krallenwetzen unterstreicht die Katze ihre territorialen Ansprüche und markiert Objekte (und vertraute Personen), die sie als ihren Besitz betrachtet. Krallenwetzen im Beisein anderer Katzen ist ein typisches Imponiergehabe. Beim Wetzen werden die Krallen gleichzeitig geschärft und die alten, abgestorbenen Hornschichten entfernt.

MARKIEREN

Beim Markieren spielen Duftsignale eine zentrale Rolle. Katzen markieren Objekte ihres Reviers, aber auch befreundete Tiere und Menschen, mit Geruchsstoffen aus Drüsen, die an Wange, Kinn, Pfotensohlen und in der Afterregion sitzen. Am auffälligsten ist das »Köpfchengeben«, bei dem die Katze Kopf und Wange an einem Gegenstand reibt, den Duft überträgt und damit ihren Besitzanspruch kenntlich macht.

MILCHTRITT

Mit rhythmischen Pfotenbewegungen stemmt sich das Kätzchen beim Saugen an der Zitze vom mütterlichen Körper ab und regt durch diese tretelnde Bewegung den Milchfluss an. Der sogenannte Milchtritt bleibt zeitlebens erhalten und tritt immer dann auf, wenn sich die Katze wohlfühlt, zum Beispiel, wenn sie gestreichelt wird.

REVIER

Im Mittelpunkt des Reviers einer Hauskatze liegt ihr eigentlicher Wohnbereich. Die Reviergröße ist von der Geländebeschaffenheit, dem Selbstbewusstsein der Revierinhaberin und der Besatzdichte der Katzen in der Nachbarschaft abhängig. Regelmäßige Pirschgänge dienen der Reviererkundung, an markanten Punkten und an den Reviergrenzen setzt die Katze Duftsignale ab.

ROLLIGKEIT

Die Symptome sind unverkennbar: Die Katze ist unruhig, wälzt sich am Boden, frisst kaum noch, gurrt und miaut fortgesetzt und wird auffallend verschmust. Die Rolligkeit hält mehrere Tage an und kann sich mehrmals im Frühjahr und Herbst wiederholen, wenn die Katze nicht gedeckt wird. Erstmals rollig wird eine Katze zwischen dem 5. und 7. Lebensmonat (Siamesen zum Teil schon früher), wenn sich in ihren Eierstöcken befruchtungsfähige Eier bilden. Die Kastration (→ Seite 133) unterbindet die Rolligkeit mit allen ihren Begleiterscheinungen.

SCHEINTRÄCHTIGKEIT

Beim Deckakt erfolgt bei der Katze der Eisprung. Während ihrer Rolligkeit kann ein Eisprung aber auch bereits durch Streicheln ausgelöst werden. Das führt zu Hormonveränderungen, in deren Folge sich die Katze wie ein trächtiges Tier verhält und auch die entsprechenden körperlichen Symptome entwickelt, zum Beispiel Anschwellen der Zitzen und Milchproduktion. Das wiederholte Auftreten der Scheinträchtigkeit ist ein Gesundheitsrisiko für die Katze.

SCHNURREN

Der Schnurrlaut wird im Kehlkopf erzeugt und kann von Hauskatzen sowohl beim Ein- wie Ausatmen über lange Zeit ohne Unterbrechung beibehalten werden. Schnurren zeigt meist an, dass sich die Katze wohlfühlt, dient aber auch der Beschwichtigung, um zu signalisieren, dass man friedlich gestimmt ist.

THERMOREGULATION

Die Aufrechterhaltung einer konstanten Körpertemperatur ist lebenswichtig. Bis zu ihrer 6. Lebenswoche sind Katzenkinder zu dieser Thermoregulation noch nicht fähig. Sie brauchen daher den ständigen Körperkontakt mit ihrer Mutter und den Wurfgeschwistern. Geht der Kontakt verloren, kühlt ein Kätzchen so stark aus, dass es schon nach relativ kurzer Zeit kaum noch eine Überlebenschance hat.

TAPETUM LUCIDUM

Das Tapetum lucidum ist eine lichtreflektierende Schicht in der Aderhaut des Augenhintergrunds, die bei vielen Wirbeltieren vorkommt. Die Lichtreflexion erhöht die Lichtausbeute und damit die Sehleistung im Halbdunkel, für die dämmerungsaktive Katze ein entscheidender Vorteil. Das Tapetum lucidum ist dafür verantwortlich, dass das Katzenauge aufleuchtet, wenn es frontal angestrahlt wird.

TRAGSTARRE

Kätzchen fallen in eine Tragstarre und nehmen reflexartig eine Fötushaltung ein, wenn sie von der Mutter im Genick gepackt werden. Das erleichtert den Transport und schützt vor Verletzungen.

ÜBERSPRUNGVERHALTEN

Wenn Tiere (und der Mensch) in Konfliktsituationen nicht wissen, was sie tun sollen, zeigen sie oft eine nicht zur Situation passende (Übersprung-)Reaktion. Typisch für die Katze ist ein Putzverhalten, wenn sie sich nicht zwischen Angriff und Flucht entscheiden kann.

ZOONOSEN

Als Zoonosen werden Krankheiten bezeichnet, die vom Tier auf den Menschen, aber auch umgekehrt übertragen werden können. Von der Katze können Tollwut, Toxoplasmose, Hautpilze, Echinokokkose, Spulwürmer, Salmonellose und die Katzenkratzkrankheit übertragen werden. Auf den Impfschutz gegen Tollwut und regelmäßige Wurmkuren (vor allem bei Katzen mit Auslauf) sollte geachtet werden. Bei guter Hygiene ist das Risiko einer Übertragung sehr gering.

MAKING OF ...

Monika Wegler, geboren in Köln, absolvierte nach dem Gymnasium erfolgreich ihre Ausbildung zur Fotografin im Werbestudio von Agfa Gevaert. Seit 1983 arbeitet sie als selbstständige Fotografin und Autorin in München. Ihr Schwerpunkt sind Heimtiere. Sie hat mehr als 70 erfolgreiche Ratgeber illustriert und viele davon auch selbst geschrieben. Neben der Bucharbeit ist sie durch ihre beliebten Tierkalender und unzähligen Veröffentlichungen in Zeitschriften und in der Werbung weit über die Grenzen Deutschlands hinaus bekannt geworden. Wenn Sie mehr über die Fotografin und Autorin erfahren möchten, können Sie sich ausführlich auf ihrer Hompage informieren: www.wegler.de

Das Konzept Angefangen hat alles mit der Idee, einen Ratgeber zu schaffen, der die Katze einmal aus einem ganz anderen Blickwinkel zeigt. Eingebettet in ein großzügiges Layout unterstreichen doppelseitige Aufmacherfotos und Foto-Storys die Texte. In speziellen Geschichten spricht auch einmal die Katze zum Mensch und legt ihre Bedürfnisse dar. Ob es uns gelungen ist, liebe Leser, Ihnen auf diese Weise »den Schlüssel zur Seele Ihrer Katze« näherzubringen, beurteilen Sie jedoch am besten selbst.

Fototipps Durch die rasante Entwicklung in der digitalen Fotografie samt Fotobearbeitungsprogrammen und immer günstigeren und leistungsfähigeren Kameras wird heute so viel fotografiert, wie nie zuvor. Doch nicht der eingebaute Chip, sondern Sie sollten bestimmen, wie das Foto aussehen soll. Hier einige Tipps aus meiner Praxis:

- Schnelle Bewegungen benötigen eine kurze Verschlusszeit von mindestens 1/1000 Sek., wenn das Foto scharf sein soll.
- Mit einem Tele kann man das Tier näher ins Bild holen, ohne es in seiner Aktion abzulenken.

- Zoomobjektive im Gegensatz zu starren Brennweiten ersparen mir aufwendige Objektivwechsel. Das ist gerade in der Tierfotografie, wo ich schnell reagieren muss, ein großes Plus.
- Versuchen Sie, Ihre Perspektive zu verändern und nicht nur von oben herab zu fotografieren. Begeben Sie sich auf die gleiche Ebene mit Ihrem Tier.
- Besondere Dynamik und Tiefenwirkung erzielt man durch den Einsatz eines Weitwinkelobjektivs.
- Eine Makroaufnahme bringt Abwechslung und neuartige Sichtweisen.
- Achten Sie stets auf ruhige Hintergründe, damit nichts Störendes den Blick vom Tier ablenkt.
- Kein Tier bei schlechten Lichtverhältnissen direkt in die Augen blitzen! Das schadet ihm und zerstört zusätzlich die gesamte Atmosphäre.
- Lobende Worte, Streicheleinheiten und Leckerlis wirken motivierend und führen zu mehr Erfolg als Ungeduld und nervöse Hektik.

Zum Schluss möchte ich noch all meine Samtpfoten, die mir Modell standen, streicheln und ihnen alles Glück der Welt wünschen. Angefangen von den vielen Katzen ohne Namen und Rasse aus Deutschland und Südeuropa bis hin zu meinen eigenen, die fest bei mir leben oder inzwischen in ihr neues Zuhause umgezogen sind: Serafina, La Bomba, Valentin, Angelo, Kessy, Klein Herbie, Hazel, Anabell, Rosalie und mein Superstar, Maine-Coon-Kätzin Amelie, die Sie auf vielen meiner Aufnahmen bewundern können.

REGISTER

Halbfette Seitenzahlen verweisen auf Fotos. **U** = Umschlag vorne.

A

B

C

D

E

F

G

O

P

R

S

T

U

V

W

Z

ADRESSEN, DIE WEITERHELFEN

Fédération Internationale Féline (FIFe), 17 Rue du Verger, L-2665 Luxembourg, www.fifeweb.org

Deutsche Edelkatze e. V., Geisbergstr. 2, 45139 Essen, www.deutsche-edelkatze.de

1. Deutscher Edelkatzenzüchterverband e. V. (1. DEKZV e. V.), Berliner Str. 13, 35614 Asslar, www.dekzv.de

Deutsche Rassekatzen-Union e. V. (D.R.U.), Geschäftsstelle: Hauptstr. 56, 56814 Landkern, www.dru.de

Fédération Féline Helvétique (FFH), Alfred Wittich (Präsident), Büntacher 22, CH-5626 Hermetschwil, www.ffh.ch

Österreichischer Verband für die Zucht und Haltung von Edelkatzen (ÖVEK), Liechtensteinstr. 126, A-1090 Wien, www.oevek.org

World Cat Federation (WCF), Geisbergstr. 2, 45139 Essen, www.wcf-online.de

Anschriften von Katzenclubs und -vereinen können Sie auch bei den vorgenannten Verbänden erfragen.

Deutscher Tierschutzbund e. V., Baumschulallee 15, 53115 Bonn, www.tierschutzbund.de

Forschungskreis Heimtiere in der Gesellschaft, Postfach 110728, 28087 Bremen, www.mensch-heimtier.de

Schweizer Tierschutz (STS), Dornacherstr. 101, CH-4008 Basel, www.tierschutz.com, Beratungsstelle Tel. (0041) 61-3659999

Österreichischer Tierschutzverein, Berlagasse 36, A-1210 Wien, Tel. (0043) 1-89 73 34 6-0, www.tierschutzverein.at

Gesellschaft für Ganzheitliche Tiermedizin e. V. (GGTM), Gartenstr. 7, 79189 Bad Krozingen, www.ggtm.de E-Mail: info@ggtm.de

Fragen zur Haltung von Katzen beantworten
Ihr Zoofachhändler und der Zentralverband Zoologischer Fachbetriebe Deutschlands e. V. (ZZF), Tel. (0611) 44755332 (nur telefonische Auskunft möglich: Mo 12–16 Uhr, Do 8–12 Uhr), www.zzf.de

KRANKENVERSICHERUNG

Uelzener Versicherungen, Postfach 2163, 29511 Uelzen, www.uelzener.de

Puntobiz GmbH, Immendorfer Str. 1, 50354 Hürth, www.tierversicherung.biz

AGILA Haustierversicherung AG, Breite Str. 6–8, 30159 Hannover, www.agila.de

Allianz, Königinstr. 28, 80802 München, www.katzeundhund.allianz.de

REGISTRIERUNG VON KATZEN

Deutsches Haustierregister, Deutscher Tierschutzbund e. V., Baumschulallee 15, 53115 Bonn, www.deutsches-haustierregister.de

TASSO e. V., Abt. Haustierzentralregister, 65784 Hattersheim, Tel. 06190/937300, www.tasso.net E-Mail: info@tasso.net

Internationale Zentrale Tierregistrierung (IFTA), Nördliche Ringstr. 10, 91126 Schwabach, Tel. (00800) 43820000 (kostenlos), www.tierregistrierung.de

Wer seine Katze vor Tierfängern und dem Tod im Versuchslabor schützen will, kann sie hier registrieren lassen.

Urlaubs-Beratungsservice des Deutschen Tierschutzbundes, Tel. (0228) 6049627, Mo–Do von 10–18 Uhr, Fr von 10–16 Uhr

KATZEN IM INTERNET

www.ivh-online.de Homepage des Industrieverbandes Heimtierbedarf e. V.

www.miau.de umfangreicher Service mit Praxistipps und Horoskop

www.schmusekatzen.de Info und Fun: von Gesundheit bis zu Katzengedichten

www.netz-katzen.de Service und Gesundheit, Forum für Katzenfreunde

www.katze-und-du.de Rundum-Infos über Katzen und Katzenhaltung

www.our-cats.de unter anderem mit Adressverzeichnis von Tierfriedhöfen

www.katzenfummelbrett.ch Homepage von Helena Dbaly

www.katzen.de Themenschwerpunkte Aufzucht, Haltung und Erziehung

www.giftpflanzen.ch Giftpflanzen

www.katze-und-wohnen.de Spielzeug, Kratzbäume und Katzenbetten

BÜCHER, DIE WEITERHELFEN

Bergler, R.: Warum Kinder Tiere brauchen. Herder Verlag

Deiser, R.: Naturheilpraxis Katzen. Gräfe und Unzer Verlag

Eilert-Overbeck, B.: Unser Kätzchen. Gräfe und Unzer Verlag

Greiffenhagen, S.: Tiere als Therapie. Droemer Knaur Verlag

Hofmann, H.: Katzensprache. Gräfe und Unzer Verlag

Hofmann, H.: Meine Katze. Gräfe und Unzer Verlag

Kieffer, B.: Meine Katze macht was sie will. Gräfe und Unzer Verlag

Kübler, H.: Schüßler-Salze für Katzen. Gräfe und Unzer Verlag

Leyhausen, P.: Katzenseele. Wesen und Sozialverhalten. Franckh-Kosmos

Linke-Grün, G.: Katzenspiele. Gräfe und Unzer Verlag

Linke-Grün, G.: Wohnungskatzen. Gräfe und Unzer Verlag

Ludwig, G.: 300 Fragen zur Katze. Gräfe und Unzer Verlag

Ludwig, G.: Das große GU Praxishandbuch Katzen. Gräfe und Unzer Verlag

Morris, D.: Catwatching. Die Körpersprache der Katze. Heyne Verlag

Otterstedt, C.: Tiere als therapeutische Begleiter. Franckh-Kosmos Verlag

Schroll, Sabine.: Miez, Miez – na komm! Artgerechte Katzenhaltung in der Wohnung. Books on Demand

Sheldrake, R.: Der siebte Sinn der Tiere. Scherz Verlag

ZEITSCHRIFTEN

die edelkatze. Illustrierte Fachzeitschrift für Katzenfreunde, Verbandszeitschrift des 1. DEKZV (→ Adressen)

katzen. Hrsg. D.R.U. (→ Adressen)

Katzen extra. Gong Verlag, Ismaning

Geliebte Katze. Gong Verlag, Ismaning

Our cats. Das Katzenmagazin. Minerva Verlag GmbH, Mönchengladbach

Freude am Tier

GU Tierratgeber – damit Ihr Heimtier sich wohlfühlt

ISBN 978-3-7742-7373-3
288 Seiten

ISBN 978-3-8338-0597-4
144 Seiten

ISBN 978-3-8338-1935-3
64 Seiten

ISBN 978-3-7742-8835-5
256 Seiten

ISBN 978-3-8338-1166-1
64 Seiten

ISBN 978-3-8338-0579-0
64 Seiten

ISBN 978-3-8338-0525-7
64 Seiten

ISBN 978-3-8338-1172-7
256 Seiten

Das macht sie so besonders:

Rat vom Experten – bestens informiert
Gut versorgt – von Anfang an
Tolle Ideen – mit Wohlfühlgarantie

GU

Willkommen im Leben.

DIE AUTORIN

Gabriele Linke-Grün arbeitet seit vielen Jahren als freie Journalistin für verschiedene Tierzeitschriften und Schulbuchverlage. Für den Gräfe und Unzer Verlag ist sie als freie Redakteurin, Lektorin und Autorin tätig. Ihr besonderes Faible gilt Katzen, die sie schon immer fasziniert haben.

DIE FOTOGRAFIN

Monika Wegler dankt Autorin Gabriele Linke-Grün, Redakteurin Anita Zellner, Herstellerin Susanne Mühldorfer und Lektor Gerd Ludwig für ihre Mitarbeit und ihr großes Engagement. Alle Fotos in diesem Buch stammen von Monika Wegler.

DANK

Autorin und Verlag danken Dr. Immanuel Birmelin, Dr. Helga Hofmann, Dr. med. vet. Heidi Kübler und Prof. Dr. Christa Neumeyer für die Experten-Tipps in »Nachgefragt«. Danken möchte ich auch meinen geliebten Eltern, die beide große Katzenliebhaber waren.

WICHTIGE HINWEISE

Die Empfehlungen in diesem Ratgeber beziehen sich auf normal entwickelte, charakterlich einwandfreie Katzen. Wer eine erwachsene Katze zu sich nimmt, muss sich bewusst sein, dass sie bereits durch andere Menschen geprägt wurde. Bei einer Katze aus dem Tierheim können Ihnen dessen Mitarbeiter eventuell Auskunft über die Herkunft des Tieres und seine Eigenarten geben. Es gibt Katzen, die schlechte Erfahrungen mit Menschen gemacht haben und Verhaltensauffälligkeiten zeigen. Diese Katzen sollten möglichst nur von Menschen aufgenommen werden, die Erfahrung im Umgang mit Katzen haben.

IMPRESSUM

Projektleitung: Anita Zellner
Lektorat: Gerd Ludwig
Idee und Konzept: Gabriele Linke-Grün, Monika Wegler, Anita Zellner
Bildredaktion: Gabriele Linke-Grün, Anita Zellner
Umschlaggestaltung und Layout: independent Medien-Design, Horst Moser, München
Herstellung: Susanne Mühldorfer
Satz: Ludger Vorfeld
Reproduktion: Longo AG, Bozen
Druck: Firmengruppe APPL, aprinta druck, Wemding
Bindung: Firmengruppe APPL, m.appl, Wemding

Printed in Germany

ISBN 978-3-8338-1717-5

3. Auflage 2011

Syndication:
www.jalag-syndication.de

GRÄFE UND UNZER

Ein Unternehmen der
GANSKE VERLAGSGRUPPE